^{표준} 제과실기

재단법인 과우학원 著

•••머 리 말

식탁의 마지막을 장식하는 디저트. 제과는 디저트에 없어서는 안 될 중요한 부분으로 발전해왔습니다. 그래서 제과를 식문화의 꽃이라 부르기도 합니다. 경제성장에 따른 외식산업의 발전과 식문화의 국제화는 오늘날 디저트 문화의 확산과 함께 우리나라 제과산업을 선진화 시키는데 크게 기여하고 있습니다.

한 때 특별한 날 특별한 경우에만 접할 수 있었던 케이크류는 물론, 특별한 계층에서만 즐길 수 있었던 고급 과자류까지 이제는 식사의 한 부분으로, 또는 일상생활의 보편적인 먹을거리로 즐길 수 있게 되었습니다. 이에 따라 과자류 제품의 종류도 다양해지고, 날로 고급화 되어가는 소비자의 욕구를 만족시키기 위한 제과기술도 하루가 다르게 변화되어 가고 있습니다.

제과산업의 선진화는 제과기술인의 사회적 위상도 함께 높여 '파티시에'라는 직업이 인기직종으로 자리 잡고, 많은 학생들에게 선망의 대상이 되기도 합니다. 그러나 인정받는 '파티시에'가 되는 길은 결코 쉽지만은 않습니다.

본 교재 '제과실기'는 제과기술인이 되려는 학생들에게 굳건한 토대를 마련해주기 위해 만들어졌습니다. 보다 쉽고 빠르게 제과분야를 이해하고, 기능을 습득하며 현장에서 언제라도 응용이 가능한 내용들을 엄선하여 실었습니다. 제과에서 중요한 부분을 차지하며 많은 반복훈련을 필요로 하는 스펀지 케이크류, 보존성이 뛰어난 쿠키류, 페이스트리류, 냉과류, 타르트류, 초콜릿류, 각종 크림류 등으로 분류하였으며 그 이외의 제품들은 기타로 분류하여 알차게 꾸몄습니다. 교재에 사용된 배합과 공정은 제품의 맛이나 상품적 가치보다는 교육적으로 기본이 될 만한 것들을 우선적으로 선정하였습니다.

좋은 제품을 만들기 위해서는 훌륭한 교재도 중요하지만 효과적인 실습을 통한 반복 훈련과 제품에 대한 끊임없는 관심과 연구가 필요할 것입니다. 본 교재가 여러분들이 산업현장에 나아가 기능인으로 활동 할 때 보다 창의적이고 발전적인 우수한 기능인으로 성장하는데 큰 도움이 되기를 바랍니다.

본 교재의 발간을 위해 적극적으로 후원하여 주신 미국 소맥협회 관계자분들과 집필을 도와주신 관련학계 교수진, 교재발간사업을 끝까지 이끌어주신 재단법인 과우학원의 홍행홍 이사장님, 책으로 묶어주신 비앤씨월드의 장상원 사장님께 감사드리고, 제품제조와 발간업무를 지원해주신 모든 분께 감사드립니다.

저자 씀

제 · 과 · 실 · 기

Chapter 01 반죽형 케이크 Batter Type Cake

Chapter 02 거품형 케이크 Foam Type Cake

Chapter 03 쿠키 | Cookies

contents

Chapter 09 기타 etc.

반죽형 케이크

일반사항

반죽형 케이크는 일반적으로 버터 케이크라고도 하며 과일 케이크, 체리 케이크 등과 같이 과일 등 충전물을 사용한 것과 올드 패션 파운드 케이크, 머핀 케이크, 레이어 케이크 등과 같이 충전물을 사용하지 않은 것의 두가지 형태로 나눌 수 있다.

반죽형 케이크 중 과일 케이크(Fruits cake)는 고대 그리스 시대부터 기원되었으며 파운드 케이크는 영국에서 만들어졌다고 한다. 파운드 케이크란 말의 유래는 처음 영국에서 만들 때 밀가루, 설탕, 달걀, 유지를 각 각 같은 양인 1파운드(약 454g)씩을 사용한데서 비롯되었다고 하며 그때부터 세계적으로 이 이름이 통용되고 있다. 현재는 각기 특색을 나타내기 위하여 배합율을 달리해서 만 들고 있는데 프랑스에서 많이 만드는 카트르 카르(Quatre quarts)라는 과자는 4/4라고 하는 뜻으로 각각의 재료가 총량의 1/4씩 4종류를 사용한다는 데서 이같은 이름이 붙여졌다.

(1) 재료

1) 유지

수분 함향이 적은 것을 사용 하는 것이 좋으며 유화상태가 양호하고 크림성이 좋아야 한다.

유지는 버터나 마가린에 쇼트닝을 일부 혼합하여 사용하는 것이 좋다.

2) 설탕

밀가루, 달걀, 유지, 우유를 합한 전체 중량의 20~30% 정도가 일반적으로 사용된다. 설탕은 가열에 의하여 변색되는데 주로 캐러멜화 (Caramelization)와 마이야르 (Maillard)반응에 의하여 과자를 구웠을 때 먹음직스런 갈색으로 나타낸다.

3) 달걀

오래된 달걀을 사용하면 구운 후의 제품 부피가 작아지는 원인이 되므로 신선한 달걀을 사용하여야 한다. 달걀은 반죽에 수분을 공급하며 풍미를 좋게 한다. 달걀을 사용할 때에는 전란에 노른자를 일부 첨가하여 사용하면 유화력을 증가시킨다.

4) 밀가루

반죽 내의 수분을 흡수하여 반죽의 결속제 역할을 함으로 제품의 구조를 형성한다.

과일 케이크의 경우에는 충전물이 많이 사용되므로 충전물의 침전을 막기 위해서 박력분에 강력분을 적절하게 혼합하여 사용하는 것이 좋다. 반죽형 케이크에는 표백된 밀가루를 사용하는 것이 바람직하다.

표백이 안된 밀가루를 사용할 경우에는 굽는 도중이나 구워져 나온 후에 수축하거나 주저앉는 경우가 있다. 제과용 밀가루는 일반적으로 회분 0.4% 이하, 단백질 7~9%, pH 5.2가 적당하다.

5) 베이킹파우더

베이킹파우더는 정확히 계량하여 사용하는 것이 중요하며 밀가루와 골고루 혼합하여 사용한다.

반죽형 케이크는 유지 사용량이 많기 때문에 반죽이 무거워 너무 조밀한 내상을 만들기 쉬우므로 베이킹파우더를 적절히 사용하므로서 이를 개선하는 것이다.

너무 많이 사용할 경우는 발생되는 과량의 가스를 보유할 구조의 힘이 약하기 때문에 굽는 도중이나 구워져 나온 후 주저앉는다. 반대로 너무 적게 사용할 경우에는 구워낸 후에 제품의 부피가 작고 내상이 조밀하여 단단한 제품이 된다.

6) 옥수수 전분

콘스타치는 제품을 연하게 하기 위하여 사용하는데 일반적으로 밀가루의 30%까지 사용하며, 밀가루는 콘스타치 사용량 만큼 줄여준다.

7) 코코아

코코아는 일반적으로 밀가루에 대하여 10~30%를 사용하는데, 카카오 매스나 초콜릿을 용해하여 사용하는 경우에 주의하여야 할 점은 반죽과의 온도차에 의해 혼합할 때 굳는 경우가 있으므로 초콜릿류의 50% 정도의 물 또는 우유를 첨가하여 유동상태로 만들어 반죽에 혼합하는 것이 좋다. 코코아를 사용하는 경우는 밀가루와 골고루 혼합하여 사용하며 또한 퍼지 베이스 (Fudge Base)를 만들어 사용하기도 한다.

8) 양주

술은 사용량이 많은 재료는 아니지만 현재 양과자 제조에 중요한 재료로서 제품의 맛과 향을 살리고 살균력을 높이기 위해 사용되며 알콜 도수 20~40% 정도의 혼성주(liqueur)를 주로 사용하고 소비자의 취향에 따라 선택하는 것이 중요하다.

9) 기타

잘게 썰은 견과(Nuts)류나 케이크 크럼(Cake Crumb)을 첨가하여 다양한 제품을 제조할 수 있으며 분말 견과류를 사용하는 경우에는 그안에 함유된 유지량을 고려할 필요가 있다.

(2) 믹싱 방법

1) 1단계법 (Single Stage method)

모든 재료를 일시에 믹싱하는 방법으로 노력과 시간 절약의 장점을 가지고 있다.
제품에 따라 비터(Beater)또는 거품기(Whipper)를 사용한다.

2) 크림법 (Creaming method)

유지에 설탕을 넣고 믹싱하면서 달걀을 조금씩 넣어 부드러운 크림상태로 만든후 최종단계에서 밀가루와 물 등 액체 재료를 첨가하여 반죽을 제조하는 방법이다.

3) 블렌딩법 (Blending method)

밀가루와 유지를 믹서 볼에 넣고 저속으로 믹싱하여 유지가 밀가루 입자를 피복하도록 하고 나머지 건조 재료와 일부 액체 재료를 투입하여 혼합하고 최종단계에 나머지 액체 재료를 넣어 믹싱하는 방법이다.

4) 복합법 (Combined method)

유지를 가벼운 크림상태로 만든 후 밀가루를 두 번에 나누어 넣고 골고루 혼합한다. 다른 믹서볼에 달걀과 설탕을 넣고 거품기를 사용하여 스펀지 케이크 반죽을 만들 때 처럼 기포한 후 크림상태의 유지에 섞어 골고루 혼합하는 방법과 유지, 설탕, 달걀 노른자를 믹싱하여 부드러운 크림상태로 만든후 달걀 흰자와 일부 설탕으로 머랭을 제조하여 혼합하는 방법이 있다.

(3) 제조상 주의점

1) 유지에 설탕을 첨가 할 때에는 유지를 충분히 믹싱하여 유연하게 만든후 투입한다.
2) 많은 양의 설탕을 사용할 때에는 두 번에 나누어 투입하는 것이 좋다.
3) 설탕도 밀가루와 동일한 방법으로 체로 쳐서 큰 덩어리가 없도록 하여 사용한다.
4) 많은 양의 달걀을 일시에 넣으면 달걀에 함유된 다량의 액체 때문에 크림이 분리되기 쉬우므로 조금씩 나누어서 투입한다.
5) 달걀 온도가 너무 낮으면 크림상의 유지가 굳어져 분리되기 쉽다.
6) 많은 양의 달걀을 첨가 할 때에는 크림이 분리될 염려가 있으므로 소량의 밀가루를 크림에 첨가하면 수분을 흡수하여 분리를 막아준다.
7) 크림에 다량의 우유 또는 물을 첨가할 때에는 밀가루와 동시에 투입하거나 교대로 조금씩 투입한다.
8) 반죽을 하는 동안에 볼 측면 및 바닥을 수시로 긁어 주어 균일한 반죽을 제조한다.

(4) 굽기

스펀지 케이크에 비하면 반죽이 무겁고 케이크 속까지 열이 투과되는데 많은 시간이 걸리기 때문에 160~180도 정도의 온도에서 천천히 굽는다. 윗불이 처음부터 강하면 반죽이 부풀지 않고 설익기 쉬우며 중앙 부분이 터질 염려가 있으므로 주의하여야 한다.

그러나 처음부터 윗불을 강하게 하여 굽는 도중에 윗면을 자연스럽게 터지게 하여 만드는 케이크류도 있다. 너무 낮은 온도에서 오래 구울 경우는 반죽내의 많은 수분을 잃고 가스발생도 느려져 거칠고 퍽퍽한 제품이 되며 **부피**도 작아진다

(5) 각 재료의 최종 제품에서의 기능

재료 / 최종 제품에서의 주요 기능	밀가루	설탕	버터 또는 쇼트닝	소금	계란 노른자	계란 흰자	향·향신료	팽창제	우유
결속제	X								
흡수제	X								
저장성을 돕는다.	X	X	X						X
영양가	X	X	X		X				X
향에 영향을 줌	X		X		X				
단 맛을 증가		X		X					
부드러움에 영향을 줌		X							
균형성에 영향을 줌		X						X	
껍질색		X		X					
부드럽게 잘 끊어짐			X						
식감이 좋다			X						
부피를 크게 한다						X		X	
구조	X					X			X
기공과 조직						X		X	X
제품의 질 향상			X						X
향을 끌어냄				X			X		X

(6) 실패의 원인과 결과

원인 \ 결과	외부	진한 껍질색	작은 부피	케이크 윗면의 수축	케이크의 수축	굽는 도중 가라앉음	윗면의 퍼짐	두꺼운 껍질	내부	거칠고 고르지 않은 기공	밀집된 기공	나쁜 향	거친 케이크	약한 구조	과일이 가라앉음	보존성이 나쁨
부적절한 믹싱					X		X			X					X	
너무 된 반죽			X				X			X						
과다한 팽창제										X		X		X	X	
팽창제 부족			X								X					
느슨한 반죽				X							X				X	
뜨거운 오븐		X	X				X									X
차거운 오븐				X				X		X				X		
과다한 설탕량		X														
설탕량 부족													X	X		X
부적절한 밀가루			X				X					X	X		X	X
과다한 밀가루							X						X			
밀가루량 부족						X										
오래된 베이킹파우더			X													
오버 베이킹					X											
언더 베이킹						X										
너무 거친 설탕입자				X												
달걀량 부족										X				X		X
물기가 제대로 안빠진 과일															X	
쇼트닝량 부족													X			X
배합율의 불균형			X							X	X	X	X			
너무 높은 반죽 온도			X													
액체 사용량 부족				X									X			

제과실기 **15**

01

파운드 케이크
Pound Cake

(1) 배합표

재료	비율(%)	무게(g)
박력분	100	800
설탕	80	640
버터	60	480
쇼트닝	20	160
유화제	2	16
소금	1	8
물	20	160
탈지분유	2	16
바닐라 향	0.5	4
베이킹파우더	2	16
달걀	80	640
달걀물	6	48

(2) 제조공정 (스트레이트법)

1) 버터, 쇼트닝을 거품기 또는 비터로 부드럽게 한 다음 소금, 설탕, 유화제를 넣고 크림상태로 만든다.

2) 달걀을 조금씩 넣으면서 부드러운 크림을 만든다.

※ 반죽상태는 미색을 띠고 매끄러워야 한다.

3) 물을 조금씩 넣으면서 섞는다.

4) 함께 체 친 베이킹파우더, 박력분, 바닐라 향, 탈지분유를 섞는다(반죽온도 23℃, 비중 0.75±0.05).

5) 기름기 없는 틀을 준비하여 위생지를 깔고 틀의 70% 정도 반죽을 채운다.

6) 윗불 230~240℃, 아랫불 170℃ 오븐에서 35~40분간 굽는다.

※ 처음에는 윗불을 강하게 해서 껍질색이 빨리 갈색이 되도록 한다.

7) 윗면에 갈색이 들면 오븐에서 꺼내 기름을 묻힌 칼, 고무주걱 등으로 양옆 1cm정도를 남기고 가운데 부분을 자른다.

8) 뚜껑을 덮고 다시 윗불을 180℃로 낮춘 다음 굽는다.

※ 뚜껑을 덮는 이유는 껍질색이 너무 진하지 않고 표피를 얇게 하기 위해서다.

※ 감독위원 요구시 - 구워낸 파운드 케이크 윗면에 달걀(노른자 100%+설탕 20~40%)을 바른다. 이때 거품이 일지 않도록 주의하고 터진 부분에 달걀을 더 많이 칠한다.

팬 종이 재단

크림 제조

가르기

노른자 칠하기

올드 패션 파운드 케이크
Old Fashioned Pound Cake

2) 박력분과 강력분을 체질한 후 1)에 2~3 회로 나누어 투입하면서 기포하여 부드러운 크림 상태로 만든다.

3) 다른 믹서 볼에 달걀과 설탕, 소금을 넣어 기포한 후 향을 첨가한다.

4) 2)에 3)의 반죽을 조금씩 넣으면서 골고루 혼합 하여 반죽을 완료 한다.

5) 팬닝 : 파운드형 팬에 종이를 깔고 팬용적의 70~ 80% 정도의 반죽을 넣는다.

6) 굽기 : 온도 180/160℃, 시간 40~50분

> * 표피의 터짐이 없게 만드는 경우에는 굽기초기에 약간의 스팀을 주입 한 후 표면에 색이 나면 뚜껑을 덮어 굽기 한다.

(1) 배합표

재료	비율(%)	무게(g)
버터	70	490
쇼트닝	30	210
박력분	80	560
강력분	20	140
설탕	100	700
소금	1	7
달걀	100	700
향(바닐라)	0.5	3.5

크림 제조

달걀 기포

반죽 혼합

팬닝

(2) 제조공정

1) 믹서 볼에 버터, 쇼트닝을 넣고 비터를 사용하여 부드러운 크림 상태로 만든다.

마블 파운드 케이크
Marble Pound Cake

(1) 배합표

재료	비율(%)	무게(g)
버터	50	300
마가린	50	300
설탕(a)	70	420
달걀	100	600
설탕(b)	30	180
향	0.5	3
박력분	80	480
콘스타치	20	120
베이킹파우더	1.5	9
*코코아	6	36
우유	9	54

(2) 제조공정 (복합법 : Combined Method)

1) 달걀을 노른자와 흰자로 주의하여 분리시킨다 .

2) 믹서 볼에 버터와 마가린을 넣고 혼합하여 유연한 상태로 만든후 설탕(a)를 넣은후 기포하여 크림상태로 만든다.

3) 노른자를 2)에 나누어 투입하면서 기포한 후 향을 첨가하여 크림을 완료한다.

4) 다른 믹서 볼에 흰자를 넣고 거품기를 사용하여 60% 정도 기포한 후 설탕(b)를 넣어 80~90% 상태의 머랭(Meringue)을 제조한 후, 전체 머랭의 약1/3정도를 3)에 넣고 가볍게 혼합한다.

5 박력분, 콘스타치, 베이킹파우더를 혼합하여 체질한 후 4)에 넣고 매끄럽게 혼합한다.

6) 나머지 머랭 2/3를 5)에 넣고 가볍게 혼합한다.

7) 전체 반죽의 약 1/4 정도를 그릇에 덜어내어 코코아와 우유를 혼합하여 초코반죽을 만든다.

8) 팬닝 : 사용할 팬에 위생종이를 깔거나 이형제를 바른 후 팬용적의 70%에 해당되는 반죽을 흰 반죽과 검은 반죽을 교차하여 팬닝하거나 다른 여러 가지 방법으로 반죽을 넣어 준 후 젓가락이나 막대 등을 사용하여 전체반죽을 휘저어 대리석(Marble)무늬를 내어준다.

9) 굽기 : 온도 180/160℃, 시간 40~50분

10) 마무리 공정

냉각시킨 후 파운드형은 2cm 정도의 폭으로 자른 후 단면이 보이도록 포장한다.

과일 케이크
Fruits Cake

(1) 배합표

재료	비율(%)	무게(g)
박력분	100	500
설탕	90	450
마가린	55	275
달걀	100	500
우유	18	90
베이킹파우더	1	5
소금	1.5	(8)
건포도	15	75
체리	30	150
호두	20	100
오렌지 필	13	65
럼주	16	80
바닐라	0.4	2

(2) 제조공정 (Combined Method)

1) 마가린을 부드럽게 한 다음 전체 설탕의 60%와 소금을 넣고 크림상태로 만든다.

2) 노른자를 3~4회로 나누어 넣으면서 크림상태로 만들고 우유를 조금씩 나누어 혼합한 후 바닐라 향을 첨가한다.

※ 계량시간 내에는 달걀의 개수로 계량하며, 제조 시 흰자, 노른자를 분리한다.

3) 기름기가 없는 볼에 흰자를 넣고 60% 정도 믹싱한 다음 나머지 설탕을 조금씩 넣으면서 90% 정도의 머랭을 만든다.

4) ②에 전처리한 충전물을 넣고 고루 섞은 다음 머랭 1/3을 넣어 혼합한다.

5) 체 친 박력분, 베이킹파우더를 ④에 넣고 섞은 후 나머지 머랭도 섞는다.

6) 원형틀에 위생지를 깔고 80% 정도 반죽을 채운다.

7) 윗불 180℃, 아랫불 170℃의 오븐에서 35~40분간 굽는다.

과일 전처리   과일 혼합

05

초콜릿 파운드
Chocolate Pound

(1) 배합표

재료	비율(%)	무게(g)
버터	80	560
쇼트닝	40	280
설탕(a)	70	490
달걀	120	840
향(바닐라)	0.5	3.5
설탕(b)	50	350
박력분	100	700
코코아	18	126
아몬드 분말	40	280
아몬드 슬라이스	60	420

(2) 제조공정 (복합법 : Combined Method)

1) 달걀을 흰자와 노른자로 주의하여 분리한다.

2) 믹서 볼에 버터와 쇼트닝을 넣어 유연하게 만든 후 설탕을 넣어 기포한다.

3) 노른자를 2)에 나누어서 투입하며 기포한 후 향을 첨가하여 크림을 완료시킨다.

4) 다른 믹서 볼에 흰자를 넣고 60% 정도 기포한 후 설탕(b)를 넣어 80~90 상태의 머랭을 만든 후, 약 1/3 정도의 머랭을 3)에 넣어 가볍게 혼합한다.

5) 박력분, 코코아, 아몬드 분말 등을 체질하여 4)에 혼합하는 동시에 아몬드 슬라이스를 투입하여 골고루 혼합한 후 나머지 2/3의 머랭을 넣어 가볍게 혼합하여 반죽을 완료시킨다.

6) 파운드팬에 위생종이를 깔고 팬용적의 70% 정도의 반죽을 넣은후 윗면에 슬라이스아몬드를 뿌려 굽기 한다.

7) 굽기 : 온도 160/180℃, 시간 40~50분

팬닝

아몬드 토핑

06

모카 파운드
Mocha Pound

(1) 배합표

재료	비율(%)	무게(g)
박력분	100	600
버터	100	600
설탕	85	510
달걀	90	540
커피	2	12
럼	5	30
건포도	12	72
호도	12	72

(2) 제조공정 (크림법 : Creaming Method)

1) 믹서 볼에 버터와 쇼트닝을 넣고 비터 또는 거품기를 사용하여 유연하게 만든 후 설탕, 소금을 넣어 기포하여 크림상태로 만든다.

2) 달걀을 풀어준후 1)에 조금씩 넣으면서 분리되지 않도록 하여 부드러운 크림이 되게한 후 럼에 녹인 커피를 투입하여 골고루 혼합한다.

3) 박력분과 베이킹파우더를 체질한 후 2)에 넣고 혼합하여 윤기있고 부드러운 상태로 섞어 반죽을 완료 시킨다.

4) 팬닝 : 파운드팬에 종이를 깔고 팬용적에 대하여 70% 정도의 반죽을 넣고 윗면에 아몬드 슬라이스 등을 뿌려 준다.

5) 굽기 : 온도 170/160℃, 시간 35~40분

> * Mocha는 남부 예멘의 항구 도시명으로 커피의 고유명사격으로 불리어지고 있다.

옐로 레이어 케이크
Yellow Layer Cake

(1) 배합표

재료	비율(%)	무게(g)
박력분	100	600
설탕	110	660
쇼트닝	50	300
달걀	55	330
소금	2	12
유화제	3	18
베이킹파우더	3	18
탈지분유	8	48
물	72	432
향	0.5	3

(2) 배합표 작성 공식

① 설탕과 쇼트닝 사용량 결정
② 달걀=쇼트닝×1.1
③ 전체 액체량=설탕+25
④ 전체 액체량=달걀+우유
⑤ 우유=탈지분유 10%, 물 90%

(3) 제조공정 (크림법 : Creamg Method)

1) 쇼트닝을 부드럽게 한 다음 소금, 설탕, 유화제를 넣고 크림상태로 만든다.

2) 달걀을 조금씩 넣으면서 중속으로 믹싱하여 부드러운 크림상태로 만들고 바닐라 향을 첨가한다. 달걀은 한꺼번에 넣으면 분리되기 때문에 양과 투입 속도를 조절하면서 넣는다.

3) 물 1/2을 조금씩 넣으면서 저속 또는 중속으로 혼합하면서 반죽에 남아있는 설탕을 용해시킨다.

4) 함께 체 친 베이킹파우더, 밀가루, 탈지분유, 바닐라 향을 ③에 넣고 가볍게 섞어 부드러운 반죽을 만든다.

5) 나머지 물을 넣고 혼합한다(반죽온도 23℃, 비중 0.8±0.05).

6) 원형틀에 위생지를 깔고 40~45% 정도 반죽을 채운다.

7) 윗불 170℃, 아랫불 170℃ 오븐에서 30~35분간 굽는다.

〈비용적 산출〉
높이 4.5cm, 직경 18cm, V(용적) = 3.14 X 9 X 9 X 4.5
= 1144.53cm³

08

화이트 레이어 케이크
White Layer Cake

(1) 배합표

재료	사용범위(%)	비율(%)	무게(g)
쇼트닝	30~70	60	360
설탕	110~160	120	720
소금	1~2	2	12
유화제	2~5	3	18
달걀 흰자	달걀 X 1.3	86	516
주석산 크림	0.5	0.5	3
향(바닐라)	0.5~1	0.5	3
박력분	100	100	600
탈지분유	변 화	6	36
베이킹파우더	2~5	3	18
물	변 화	58	348

(2) 배합표 작성 공식

① 설탕과 쇼트닝 사용량 결정
② 달걀 = 쇼트닝 X 1.1
③ 흰자 = 달걀 X 1.3, 흰자 = 쇼트닝 X 1.43
④ 전체 액체량 = 설탕 + 30
⑤ 전체 액체량 = 흰자 + 우유
⑥ 우유= 탈지분유 10%, 물 90%
⑦ 주석산 크림은 흰자의 pH를 낮추기 위하여
　0.5%를 사용한다.

(3) 제조공정 (크림법 : Creaming Method)

1) 믹서 볼에 쇼트닝을 넣고 비터 또는 거품기를 사용하여 유연하게 만든 후 설탕, 소금, 유화제를 넣고 기포하여 크림상태로 만든다.

2) 흰자와 주석산 크림을 혼합한 후 1)에 조금씩 넣으면서 기포하여 크림을 완료한 후 향을 첨가시킨다(흰자는 수분함량이 많은 재료이므로 분리에 주의하여 투입한다).

3) 박력분, 탈지분유, 베이킹파우더를 혼합하여 체질한 후 2)에넣고 밀가루가 완전히 섞이기 전에 물을 투입하여 섞은 후 매끄러운 상태의 반죽을 만든다.

4) 팬닝 : 팬에 위생종이를 간 후 팬용적의 60~70%를 넣거나 분할 중량을 계산하여 팬닝한다.

5) 굽기 : 온도 190/160℃, 시간 25~30분

6) 마무리 공정

제품을 냉각시킨 후 슬라이스하여 아이싱(Icing)하고 데커레이션 한다.

데블스 푸드 케이크
Devil's Food Cake

(1) 배합표

재료	비율(%)	무게(g)
박력분	100	600
설탕	110	660
쇼트닝	50	300
달걀	55	330
탈지분유	11.5	69
물	103.5	621
코코아	20	120
베이킹파우더	3	18
유화제	3	18
바닐라 향	0.5	3
소금	2	12

(2) 배합표 작성 공식
① 설탕과 쇼트닝 사용량을 사용 범위 내에서 결정
② 달걀 = 쇼트닝 × 1.1
③ 전체 액체량 = 설탕 + 30 +(코코아 × 1.5)
④ 전체 액체량 = 달걀 + 우유

(3) 제조공정 (블렌딩법 : Blending Method)
1) 쇼트닝과 박력분을 믹서 볼에 넣고 저속으로 믹싱해 쇼트닝이 밀가루를 피복할 때까지 믹싱한다.

2) 설탕, 탈지분유, 소금, 코코아, 베이킹파우더, 바닐라 향, 유화제를 넣고 저속으로 섞는다.

3) 전체 배합분량 중 달걀 1/2과 물 2/3 정도를 넣고 중속으로 믹싱하면서 모든 재료를 섞어준다.

4) 나머지 달걀을 3~4회 정도로 나누어 넣으면서 중속으로 믹싱해 부드러운 크림상태로 만든다.

5) 남은 물을 넣고 고르게 섞는다(반죽온도 23℃, 비중 0.8±0.05).

6) 원형틀에 위생지를 깔고 반죽을 40~45% 정도 채운다.

7) 윗불 170℃, 밑불 170℃ 오븐에서 30~35분간 굽는다.

※ 반죽이 진한 코코아색이므로 굽는 데 주의한다.

초콜릿 레이어 케이크
Cocolate Layer Cake

(2) 배합표 작성 공식

① 설탕, 쇼트닝 ,초콜릿의 사용량을 범위 내에서 결정한다
② 달걀 = 쇼트닝x1.1
③ 전체 액체량=설탕+30+(코코아x1.5)
④ 전체 액체량=달걀+우유

(3) 제조공정 (크림법 : Creaming Method)

1) 초콜릿을 잘게 자른 후 중탕으로 용해(45℃ 전후) 시킨다.

2) 믹서 볼에 쇼트닝을 넣고 비터 또는 거품기를 이용하여 유연하게 하고 1)의 녹인 초콜릿을 넣고 혼합한 후 설탕, 소금, 유화제를 넣고 기포하여 크림상태로 만든다.

3) 달걀을 조금씩 넣으면서 기포한 후 향을 투입하여 기포를 완료시킨다.

4) 박력분, 베이킹파우더 탈지분유를 혼합하여 체질한 후 3)에 넣고 가루종류가 완전히 섞기기 전에 물을 첨가하여 윤기있는 상태로 섞어 반죽을 완료시킨다.

5) 팬닝 : 팬에 위생종이를 깐 후 팬용적의 60~70%를 넣거나 분할 중량을 계산하여 팬닝한다.

6) 굽기 : 온도 180/160℃, 시간 20~25분

(1) 배합표

재료	사용범위	비율(%)	무게(g)
쇼트닝	30~70	55	330
초콜릿	30~50	24	144
설탕	110~180	110	660
소금	1~2	1	6
유화제	2~5	3	18
달걀	쇼트닝x1.1	65	390
향	0~1	0.5	3
박력분	100	100	600
베이킹파우더	2~3	3	18
탈지분유	변화	10	60
물	변화	90	540

> *** 초콜릿(비터초콜릿)의 구성**
> 코코아 62.5% 코코아버터 37.5%
> 카카오버터는 쇼트닝의 1/2효과(쇼트닝가)

컵 케이크
Cup Cake

(1) 배합표

재료	비율(%)	무게(g)
버터	60	420
설탕	65	455
소금	1	7
물엿	6	42
달걀	35	245
물	40	280
향(바닐라)	0.5	3.5
박력분	100	700
베이킹파우더	2.5	17.5
탈지분유	5	35

(2) 제조공정 (크림법 : Creaming Method)

1) 믹서 볼에 버터를 넣고 비터 또는 거품기를 이용하여 유연하게 만든 후 설탕,소금, 물엿을 넣고 기포하여 크림상태로 만든다.

2) 달걀을 풀어 준후 1)에 조금씩 넣으면서 기포하여 크림상태로 만든 다음 향을 첨가시켜 크림을 완료한다.

3) 박력분, 탈지분유, 베이킹파우더를 혼합하여 체로 친후 2)에 넣고 매끄럽게 혼합하여 반죽을 완료 한다.

4) 팬닝 : 은박컵이나 머핀팬 등에 유산지나 종이 등을 깔아준 후 짤주머니를 이용하여 팬 용적의 60~70% 정도를 짜기하여 팬닝한다.

※ 굽기전 반죽의 윗면에 스트로이젤(Streusel) 또는 아몬드등의 넛류를 토핑하여 굽기도 한다

5) 굽기 : 온도 180/160℃, 시간 20~25분

6) 마무리 공정

제품의 표면에 술이나 시럽 등을 바르거나 뿌린 후 각종 퐁당, 글레이즈, 버터크림, 생크림, 가나슈, 퍼지아이싱 등을 이용하여 데커레이션 하거나 마무리 한다.

반죽 짜기   팬닝

초코 머핀
Choco muffin

(1) 배합표

재료	비율(%)	무게(g)
박력분	100	500
설탕	60	300
버터	60	300
달걀	60	300
소금	1	5
베이킹소다	0.4	2
베이킹파우더	1.6	8
코코아파우더	12	60
물	35	175
탈지분유	6	30
초코칩	36	180

(2) 제조공정(크림법 : Creaming method)

1) 믹서 볼에 버터를 넣고 거품기로 부드럽게 풀어준다.

2) 설탕과 소금을 넣고 크림상태로 만든다.

3) 달걀을 조금씩 넣으면서 부드러운 크림상태로 만든다.

4) 반죽에 물을 조금씩 넣어가며 섞은 다음 함께 체 친 박력분, 베이킹소다, 베이킹파우더, 코코아파우더, 탈지분유를 넣고 반죽을 균일하게 섞는다.

5) 반죽에 초코칩을 넣고 가볍게 섞어 반죽을 완성한다(반죽온도 24℃).

6) 주어진 틀에 머핀종이를 깔고 짤주머니에 반죽을 넣어 팬의 70% 정도 팬닝한다.

※ 바닥에 빈 공간이 생기지 않게 유의한다(굽고 난 후 높낮이 차이가 날 수 있다).

6) 윗불 180℃, 아랫불 160℃ 오븐에서 20~25분 동안 굽는다.

13

마데라 컵 케이크
Madeira Cup Cake

(1) 배합표

재료	비율(%)	무게(g)
박력분	100	400
버터	85	340
설탕	80	320
소금	1	4
달걀	85	340
베이킹파우더	2.5	10
건포도	25	100
호두	10	40
적포도주	30	120
분당(시럽용)	20	80
적포도주(시럽용)	5	20

(2) 제조공정 (크림법 : Creaming Method)

1) 볼에 버터를 넣고 거품기를 이용해 부드럽게 만든다.

2) 설탕과 소금을 넣고 크림상태로 만든다.

3) 달걀을 조금씩 나누어 넣으면서 부드러운 크림으로 만든다.

4) 건포도와 잘게 썬 호두에 약간의 덧가루를 뿌려 버무린 다음 크림에 넣고 골고루 섞는다 (반죽온도 24℃).

5) 함께 체 친 박력분과 베이킹파우더를 넣고 가볍게 섞은 다음 적 포도주를 넣어 섞는다.

6) 컵케이크틀에 유산지나 종이를 깔아 준비하고 짤주머니에 반죽을 넣어 팬의 70% 정도까지 짠다.

※ 바닥에 빈 공간이 생기지 않게 유의한다. (굽고 난 후 높낮이 차이가 날 수 있다.)

7) 윗불 180℃, 아랫불 160℃의 오븐에서 25~30분정도 굽다가 껍질색이 나고 내용물이 안정된 상태가 되면, 꺼내어 표면에 적포도주 시럽을 고루 바르고 다시 오븐에 넣어 시럽의 수분을 증발시킨다.

※ 시럽을 바르고 다시 오븐에 넣을 때는 밑불을 끈다.

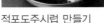

적포도주시럽 만들기　　　시럽 바르기

파인애플 케이크
Pineapple Cake

향을 첨가시킨다.

3) 밀가루, 베이킹파우더를 혼합 체질한 후 2)에 넣고 섞어 윤기있는 상태의 반죽을 만든다.

4) **팬닝** : 파운드 형태의 팬에 옆면에는 팬스프레드나 버터 등을 바른 후 아몬드 슬라이스를 붙이고 바닥에는 유산지를 깔고 물기를 제거한 파인애플과 체리 등을 보기좋게 나열하여준 후 팬용적의 60% 정도 반죽을 넣어 고르기한다.

5) **굽기** : 온도 180/160℃, 시간 35~45분

6) **마무리 공정**

제품이 구워져 나오면 팬채로 거꾸로 엎어 냉각시키고, 팬과 윗면의 유산지를 제거한 후 광택제나 연하게 끓인 살구잼을 표면에 발라 포장한다.

(1) 배합표

재료	비율(%)	무게(g)
버터	80	560
설탕	90	630
달걀	100	700
향(바닐라)	0.5	3.5
박력분	70	490
중력분	30	210
베이킹파우더	2	14
럼	10	70

(2) 제조공정 (크림법 : Creaming Method)

1) 믹서 볼에 유지를 넣고 비터 또는 거품기를 이용하여 유연하게 만든 후 설탕을 넣어 기포한다.

2) 달걀을 1)에 나누어 투입하면서 기포한 후

* 팬 스프레드 (Pan Spread)

쇼트닝	100%
식용유	60%
밀가루	100%

쇼트닝에 식용유를 넣어 유연하게 만든 후 밀가루를 혼합하여 사용한다

팬 준비   반죽 넣기

15

던디 케이크
Dundee Cake

(2) 제조공정 (크림법 : Creaming Method)

1) 건포도와 오렌지 필을 럼과 함께 버무려 전처리 한다.

2) 믹서 볼에 버터를 넣고 비터 또는 거품기를 사용하여 유연하게 만든 후 설탕, 소금을 넣어 기포한다.

3) 달걀을 2)에 나누어 투입하면서 기포하여 크림을 만든후 향을 첨가한다.

4) 1)의 전처리 과일을 혼합한다.

5) 박력분, 베이킹파우더, 아몬드 분말을 혼합한 후 체질하여 4)에 넣어 매끄럽게 혼합한다.

6) 팬닝 : 원형팬(높이 5~7cm)에 종이를 깔고 팬용적의 80% 정도 반죽을 넣은 후 껍질을 벗긴 통아몬드를 반죽 표면에 고르게 올려준다.

7) 굽기 : 온도 170/160℃, 시간 50~60분

> * 던디 (Dundee)는 프랑스어로 쌍돛대의 범선이란 뜻이다

(1) 배합표

재료	비율(%)	무게(g)
버터	85	680
설탕	80	640
소금	1	8
달걀	100	800
향(바닐라)	0.5	4
박력분	100	800
베이킹파우더	2	16
아몬드 분말	25	200
오렌지 필	30	240
건포도	80	640
럼	7	56

반죽 넣기   아몬드 올리기

16

체리 케이크
Cherry Cake

(1) 배합표

재료	비율(%)	무게(g)
버터	50	350
쇼트닝	25	175
설탕	75	525
소금	1	7
달걀	85	595
체리(당조림)	110	770
레몬 필	15	105
B. P.	1	7
박력분	100	700

(2) 제조공정

1) 믹서 볼에 버터와 쇼트닝을 넣고 비터 또는 거품기를 사용하여 유연하게 만든 후 설탕, 소금을 넣어 기포하여 크림상태로 만든다.

2) 달걀을 1)에 조금씩 나누어 넣으면서 부드러운 크림 상태로 만든 후 체리와 레몬 필을 넣고 골고루 섞어 둔다.

3) 박력분과 베이킹파우더를 체로 친 후 2)에 투입하여 매끄러운 상태로 반죽을 혼합하여 완료시킨다.

4) 팬닝 : 원형 또는 파운드형 팬에 종이를 깔고 팬용적의 70~80% 정도 반죽을 넣고 윗면을 고른다.

5) 굽기 : 온도 180/160℃, 시간 40~50분

> * 제품의 표면에 갈색이 난 후 같은 크기의 팬으로 뚜껑을 덮어 구우면 제품의 부피가 좋아 지며 껍질이 얇고 부드러워진다.
> * 제품의 표면에 술이나 시럽을 바르고 냉각 시킨 후 절단하여 체리의 단면이 보이게 하여 포장한다.

크림 제조   체리 혼합

과일 케이크 Ⅱ
Fruits Cake Ⅱ

(1) 배합표

재료	비율(%)	무게(g)
버터	33	264
쇼트닝	33	264
설탕(a)	55	440
달걀	92	736
박력분	100	800
베이킹파우더	2	16
설탕(b)	45	360
건포도	60	480
호두	50	400
체리	30	240
캐러멜 소스	착색용	–

(2) 제조공정 (복합법 : Combined Method)

1) 믹서 볼에 버터와 쇼트닝을 넣고 유연하게 한 후 설탕을 넣어 기포한다.

2) 노른자를 3회 정도 나누어 투입하면서 기포한 후 캐러멜소스를 넣어 착색한다.

3) 흰자와 설탕(b)를 이용하여 90% 상태 정도의 머랭을 제조한다.

4) 2)에 1/3정도의 머랭을 넣고 가볍게 혼합한다.

5) 박력분, 베이킹파우더를 체로 쳐서 4)에 넣고 혼합하면서 전처리한 과일을 투입하여 충분히 혼합한다.

6) 5)에 나머지 머랭을 2~3회로 나누어 투입하여 반죽을 완료시킨다.

7) 팬닝 : 준비된 평철판에 나무틀을 올려 종이를 깐 후 반죽을 부어 고르기를 하고 굽기한다.

8) 굽기 : 온도 170/160℃, 시간 70~80분

9) 마무리 공정

제품을 완전히 냉각 시킨 후 6×7cm 정도 크기로 재단한 후 표면에 럼주를 뿌려 밀봉 포장 한다.

과일 전처리

팬닝

옥수수 스콘 I
Corn Scorn I

(1) 배합표

재료	비율(%)	무게(g)
중력분	100	800
옥수수 분말	36	288
베이킹파우더	3	24
버터	65	520
설탕	60	480
달걀	55	440
우유	36	288
아몬드 슬라이스	20	160
건포도	40	320
초코칩	10	80

(2) 제조공정

1) 믹서 볼에 유지를 넣고 유연하게 만든 후 설탕을 넣어 기포한다.

2) 달걀을 나누어 투입하여 크림을 완료한다.

3) 중력분, 옥수수분말, 베이킹파우더를 체질하여 2)에 넣고 혼합하며 우유와 아몬드, 건포도, 초코칩을 넣어 반죽을 완료한다.

4) 팬닝 : 평철판에 45g 정도의 반죽을 스푼 등으로 분할하여 납작하게 펴고 윗면에 노른자칠을 하여 굽는다.

5) 굽기 : 온도 200/150℃, 시간 15~20분

우유 혼합

분할

펴기

노른자 칠하기

케이크 룰라드
Cake Roulade

스펀지 재단   잼 바르기   위치에 맞추기   말기

(1) 배합표

A. 과일 버터케이크 (Fruits Butter Cake)

재료	비율(%)	무게(g)
버터	100	500
설탕(a)	70	350
달걀	140	700
설탕(b)	30	150
박력분	100	500
베이킹파우더	2	10
럼	20	100
계피가루	1	5
체리	30	150
오렌지 필	40	200
건포도	60	300

B. 스펀지 (Sponge)

재료	비율(%)	무게(g)
달걀	150	240
노른자	100	160
설탕	110	176
향(바닐라)	0.6	1
박력분	100	160

(2) 제조공정

A. 과일 버터케이크 (복합법 : Combined Method)

1) 건포도, 오렌지 필, 체리를 잘게 썰어 계피와 럼에 섞어 전처리한다.

2) 달걀을 흰자와 노른자로 분리시킨다.

3) 믹서 볼에 버터를 넣고 부드럽게 만든 후 설탕(a)를 넣고 기포하여 크림 상태로 만든다.

4) 노른자를 3)에 나누어 투입하면서 기포하여 크림을 만든다.

5) 다른 믹서 볼에 흰자를 넣고 설탕(b)를 조금씩 넣으면서 80~90% 상태의 머랭을 제조한다. 이 머랭의 1/3을 4)에 넣고 혼합한다.

6) 박력분,베이킹파우더를 혼합하여 체질한 후 5)에 투입한후 전처리한 1)을 넣고 매끄럽게 혼합한다.

7) 나머지 2/3의 머랭을 넣고 골고루 혼합한다. (마지막 단계에서 머랭을 넣고 혼합이 지나치면 반죽이 묽은 상태가 되므로 과도한 혼합에 주의한다.)

8) 팬닝 : 파운드팬에 종이를 깔아준 후 팬용적의 60~70% 정도 반죽을 넣고 윗면을 평평하게 고른다.

9) 굽기 : 온도 170/150℃, 시간 40~50분

B.스펀지 (공립법)

1) 믹서 볼에 달걀, 노른자를 넣어 풀어준 후 설탕을 넣어 기포한 후 향을 첨가한다.

2) 박력분을 체질하여 1)에 넣어 가볍게 혼합한다.

3) 팬닝 : 평철판에 종이를 깔아준 후 0.3cm 두께로 반죽을 넣어 고르기를 한 후 윗면이 마르는 것에 주의하여 고온에서 단시간에 굽는다.

4) 굽기 : 온도 220/150℃, 시간 4~5분

마무리 공정

1) 냉각시킨 스펀지를 2등분으로 재단하여 표면에 잼을 얇게 바른 후 냉각시킨 과일 버터케이크를 올려 감싸 말아준 후 이음새 부분이 밑으로 가게하여 냉장 보관한다.

2) 제품 표면의 종이를 제거한 후 2~2.5cm 폭으로 썰어서 포장한다.

20

마들렌
Madeleine

(1) 배합표

재료	비율(%)	무게(g)
박력분	100	400
베이킹파우더	2	8
설탕	100	400
달걀	100	400
레몬껍질	1	4
소금	0.5	2
버터	100	400

(2) 제조공정(1단계법, 변형)

1) 볼에 박력분, 베이킹파우더, 설탕을 넣고 거품기로 골고루 섞는다.

2) 달걀을 2~3회에 걸쳐 나누어 넣으면서 혼합한다.

3) 강판에 간 레몬껍질과 소금을 넣고 골고루 섞은 다음 녹인 버터를 적당히 식힌 후 부드럽게 섞는다(반죽온도 24℃).

※ 레몬은 노란 껍질부분만 갈아 쓴다.

4) 실온에서 30분간 휴지시킨다.

※ 여름철에는 냉장휴지 시키는 것이 좋다.

5) 기름칠 한 마들렌틀에 원형깍지를 넣은 짤주머니를 이용, 반죽을 80~90% 정도 채운다.

※ 은박컵 사용 시 60~65% 팬닝.

6) 윗불 200℃, 아랫불 160℃의 오븐에서 20분간 구워낸다.

레몬껍질 준비

반죽 제조

팬 준비

반죽 짜기

21

소프트 마들렌
Soft Madeleine

(1) 배합표

재료	비율(%)	무게(g)
달걀	110	660
설탕(a)	70	420
소금	1	6
럼	15	90
향(바닐라)	0.5	3
설탕(b)	30	180
버터	90	540
식용유	10	60
박력분	100	600
베이킹파우더	1.5	9

(3) 제조공정 (복합법 : Combined Method)

1) 달걀을 노른자와 흰자로 분리한다.

2) 그릇에 노른자를 넣고 거품기를 사용하여 골고루 풀어준 후 설탕(a), 소금을 넣어 기포한다.

3) 술과 향을 첨가하여 설탕의 입자가 최대한 용해 되도록 가볍게 저어 준다.

4) 다른 믹서 볼에 흰자를 넣고 거품기를 사용하여 60% 정도로 기포한 후 설탕(b)를 조금씩 넣으면서 기포하여 머랭을 제조한 후 3)에 1/3 정도의 머랭을 넣어 가볍게 혼합한다.

5) 박력분,베이킹파우더를 체로 친 후 5)에 넣고 매끄럽게 되도록 혼합한다.

6) 그릇에 버터를 넣어 유연하게 만든 후 식용유를 투입하여 크림 상태로 만들고 5)에 넣어 골고루 혼합한다.

7) 나머지 2/3의 머랭을 6)에 넣고 골고루 혼합하여 반죽제조를 마친다.

8) 팬닝 : 마들렌 은박팬에 팬종이를 깐 후 반죽을 짤주머니에 넣어 팬 용적의 60~70% 정도로 짜 넣는다.

9) 굽기 : 온도 180/160℃, 시간 15~20분

럼 투입

머랭 혼합

팬 준비

반죽 짜기

플로랑탱 마들렌
Florentine Madeleine

(1) 배합표

A. 버터 케이크 (Butter Cake)

재료	비율(%)	무게(g)
버터	60	300
쇼트닝	40	200
설탕	80	400
물엿	15	75
소금	1	5
달걀	85	425
향(레몬)	1	5
박력분	100	500
아몬드 분말	16	80
베이킹파우더	1.5	7.5

B. 플로랑탱 (Florentine)

재료	비율(%)	무게(g)
생크림	45	135
물엿	50	150
버터	45	135
설탕	80	240
아몬드 슬라이스	100	300
안젤리카	50	150
체리	50	150
오렌지 필	50	150

(2) 제조공정

A. 버터 케이크(Creaming Method)

1) 믹서 볼에 유지를 넣고 비터 또는 거품기를 사용하여 유연하게 만든 후 설탕, 물엿, 소금을 넣고 기포하여 크림상태로 만든다.

2) 달걀을 풀어 1)에 나누어 투입하면서 기포하여 부드러운 상태의 크림을 만든 후 향을 첨가시킨다.

3) 박력분, 아몬드 분말, 베이킹파우더를 혼합

하여 체질 한후 2)에 넣고 혼합하여 반죽을 완료시킨다.

4) 팬닝 : 은박 마들렌팬을 철판에 배열하고 짤주머니를 사용하여 팬용적의 70% 정도의 반죽을 짜 넣거나 타트레트팬을 사용하여 바닥에 비스킷 반죽을 깔아 준 후 반죽을 팬닝한다.

5) 굽기 : 온도 190/160℃, 시간 20~25분

B. 플로랑탱 (Florentine)

1) 동그릇이나 손잡이 냄비에 생크림, 물엿, 버터, 설탕을 넣고 혼합하여 불에 올려 끓여 준 후 나무주걱 등으로 저어 연한 갈색(110~114℃)이 되면 오븐에 건조시킨 아몬드와 물기를 제거하고 잘게 썬 체리, 안젤리카, 오렌지 필을 넣어 고르게 혼합한 후 불에서 내려준다.

마무리공정

1) 마들렌 모양의 버터 케이크 윗면에 식지 않은 상태의 플로랑탱을 덮고 스푼 등을 사용하여 표면을 얇게 그리고 고르게 펴준다.

2) 1)을 철판에 고르게 배열한 후 오븐의 윗불을 이용하여 플로랑탱이 연한 갈색이 되도록 다시 구운 후 냉각시킨다.

시럽 제조

과일 혼합

반죽 짜기

플로랑탱 토핑

23

브라우니
Brownies

(1) 배합표

재료	비율(%)	무게(g)
중력분	100	300
달걀	120	360
설탕	130	390
소금	2	6
버터	50	150
다크초콜릿 (커버춰)	150	450
코코아파우더	10	30
바닐라 향	2	6
호두	50	150

(2) 제조공정(블렌딩법 : Blending Method)

1) 다크초콜릿과 버터를 함께 중탕으로 녹인다.

2) 볼에 달걀을 넣고 가볍게 풀어준다.

3) 설탕, 소금을 넣고 섞는다.

4) 섞어놓은 다크초콜릿과 버터를 반죽에 넣고 골고루 섞는다.

5) 함께 체 친 중력분, 코코아파우더, 바닐라 향을 넣고 골고루 섞는다.

6) 호두를 구워 반죽에 1/2을 넣고 섞어 반죽을 완성한다(반죽온도 27℃).

7) 3호 원형팬에 유산지를 재단하여 깔고 반죽의 윗면을 평평하게 정리한 다음 나머지 호두를 골고루 뿌린다.

8) 윗불 170℃, 아랫불 160℃ 오븐에서 40~45분 동안 굽는다.

반죽 제조   호두 토핑하기

구겔 호프
Gugelhopf

(1) 배합표

재료	비율(%)	무게(g)
버터	40	240
쇼트닝	30	180
설탕	55	330
달걀	55	330
박력분	100	600
베이킹파우더	2	12
우유	7	42
건포도	20	120
오렌지 필	10	60

(2) 제조공정 (Creaming Method)

1) 믹서 볼에 버터와 쇼트닝을 넣고 비터 또는 거품기를 사용하여 유연하게 만든 후 설탕을 넣고 기포하여 크림상태로 만든다.

2) 달걀을 풀어준 후 1)에 나누어 투입하면서 기포하여 부드러운 크림을 만든다.

3) 박력분, 베이킹파우더를 혼합하여 체질한 후 2)에 넣어 혼합하며 거의 동시에 건포도, 오렌지필, 우유를 넣어 매끄럽게 되도록 혼합한다.

4) 팬닝 : 구겔호프 팬에 버터를 바르고 아몬드 슬라이스를 뿌려 묻힌 후 팬용적에 대해 70% 정도의 반죽을 넣고 윗면을 고른다.

5) 굽기 : 온도 170/150℃, 시간 40~50분

6) 마무리 공정

제품을 완전히 냉각시킨 후 표면에 분당을 뿌리고 적당한 크기로 자르거나 포장한다.

팬 준비　　　　　　　팬닝

25

머핀 케이크
Muffin Cake

(1) 배합표

재료	비율(%)	무게(g)
마가린	40	400
설탕	60	600
소금	1.5	15
물엿	6	60
달걀	35	350
향(바닐라)	0.5	5
박력분	100	1000
베이킹파우더	3	30
탈지분유	7	70
물	50	500

(2) 제조공정 (크림법 : Creaming Method)

1) 믹서 볼에 유지를 넣고 비터 또는 거품기를 사용하여 유연하게 만든 후 설탕, 소금, 물엿을 넣고 기포하여 크림상태로 만든다.

2) 달걀을 풀어 1)에 나누어 투입하면서 기포하여 부드러운 크림으로 만들고 향을 첨가한다.

3) 박력분, 탈지분유, 베이킹파우더를 혼합하여 체질한 후 2)에 넣고 혼합하며 거의 동시에 물을 넣어 매끄러운 반죽이 되도록 혼합한다.

4) 팬닝 : 머핀팬 또는 은박컵에 종이를 깔거나 팬스프레이드를 바르고 팬용적의 60~70% 정도로 반죽을 넣는다.

5) 굽기 : 온도 190/160℃, 시간 20~30분

* 젤리 또는 잼 머핀 만들기

팬닝량의 1/2 정도의 반죽을 팬에 넣은 후 젤리나 잼과 같은 내용물을 반죽의 중앙에 충전한 후 나머지 반죽을 넣어 굽는다.

* 팬 스프레드 (pan spread)

쇼트닝	100%
식용유	60%
밀가루	100%

쇼트닝에 식용유를 넣어 유연하게 만든 후 밀가루를 혼합하여 각종 팬의 이형제로 사용한다.

26

사과 머핀
Apple Muffin Cake

(2) 제조공정 (크림법 : Creaming Method)

1) 믹서 볼에 유지를 넣고 비터 또는 거품기를 사용하여 유연하게 만든 후 황설탕, 소금을 넣고 기포하여 크림을 만든다.

2) 달걀을 풀어 1)에 나누어 투입하면서 기포한 후 향을 첨가시킨다.

3) 잘게 썬 사과를 2)에 넣고 혼합한다.

4) 박력분, 베이킹파우더를 혼합하여 체질한 후 혼합하며 중간에 우유를 넣어 매끄럽고 윤기 있는 반죽을 만든다.

5) 팬닝 : 머핀팬이나 은박컵에 종이를 깔고 팬용적의 70%정도로 반죽을 넣는다.

6) 굽기 : 온도 190/160℃, 시간 20~25분

> * 머핀은 과자이면서도 식사용도로 제공되는 제품으로서 다른 반죽형 제품에 비해서 저율 배합인 것이 특징으로서 본 제품은 플레인 머핀의 응용 제품으로 충전물이나 첨가물을 변경하면 다양한 종류의 머핀 제조가 가능하다.

(1) 배합표

재료	비율(%)	무게(g)
마가린	45	450
황설탕	50	500
소금	1	10
달걀	40	400
향(바닐라)	0.5	5
박력분	100	1000
베이킹파우더	3	30
사과	50	500
우 유	45	450

사과 준비   반죽 짜기

바움쿠헨
Baum Kuchen

(1) 배합표

재료	비율(%)	무게(g)
마가린	90	900
설탕(a)	40	400
소금	0.5	5
물엿	10	100
노른자	40	400
럼	8	80
향(바닐라)	0.5	5
박력분	80	800
콘스타치	20	200
탈지분유	8	80
베이킹파우더	2	20
흰자	80	800
설탕(b)	40	400

팬 준비   굽기

* 바움쿠헨 (Baum Kuchen)은 독일의 전통적인 축하 케이크로서 보존성이 뛰어나며, Baum은 나무 Kuchen은 과자라는 뜻으로서 나무나이테 모양의 과자이다. 원래 바움쿠헨은 아래 사진처럼 굴대를 돌려가며 원통모양으로 굽는다.

(2) 제조공정 (Creaming Method)

1) 믹서 볼에 유지를 넣고 비터 또는 거품기를 사용하여 유연하게 만든 후 설탕(a), 소금, 물엿을 넣어 크림상태로 만든다.

2) 노른자를 1)에 3~4회 정도로 나누어 투입하면서 기포한 후 향을 첨가한다(럼 투입).

3) 다른 믹서 볼에 흰자를 넣고 거품기를 사용하여 60~70% 정도로 기포를 한 후 설탕(b)을 넣어 80~90% 정도의 머랭을 만든다.

4) 2)에 3)의 머랭을 1/3 정도 가볍게 혼합한다.

5) 박력분, 콘스타치, 탈지분유, 베이킹파우더를 혼합 한 후 체질하여 4)에 넣고 반죽이 매끄럽게 되도록 혼합한다.

6) 나머지 2/3의 머랭을 가볍게 혼합하여 반죽을 마친다.

7) 팬닝 : 평철판에 여러 장의 종이를 깔고 반죽 중의 일부를 0.3cm 두께로 얇게 깔아 넣은 후 평평하게 고른다.

8) 굽기 : 230/150℃의 오븐에 넣어 색이 나면 꺼내어 일정량의 반죽을 다시 팬닝하고 고른 다음 굽는다. 이러한 작업을 용도에 따라 10~30회 정도 반복한다.(굽기 중 작은 밀대를 이용하여 제품의 윗면을 평평하게 만들기도 하며 횟수가 증가할 경우 밑에 철판을 덧대어 바닥면이 타는 것 등을 방지한다)

9) 마무리 공정

냉각시킨 후 용도에 따라 절단하거나 아이싱한다.

28

사과 쌀 파운드
Apple Rice Pound

(1) 배합표

재료	비율(%)	무게(g)
달걀	35	350
설탕	40	400
우유	12	120
식용유	32	320
커피 베이스	0.5	5
사과	80	800
과일(전처리)	40	400
강력 쌀가루	72	720
박력 쌀가루	28	280
베이킹파우더	2.5	25
소다	0.5	5

(2) 제조공정
1) 그릇에 달걀과 설탕을 넣고 섞는다.
2) 1)에 우유를 혼합한다.
3) 식용유와 커피 베이스를 2)에 넣어 혼합한다.
4) 자른 사과와 전처리한 과일을 혼합한다.
5) 쌀가루와 베이킹파우더, 소다를 체질한 후 4)에 넣어 혼합한다.
6) 팬닝 : 종이를 깐 원형팬에 팬용적의 60~

70%의 반죽을 넣은 후 윗면을 고르고 호두와 자른 대추 등을 올려 굽는다.
7) 굽기 : 온도 160/180℃, 시간 40~50분
8) 냉각 후 광택제를 바른다.

사과 혼합

반죽 넣기

chapter 02

Foam Type Cake
거품형 케이크

일반사항

거품형 케이크의 대표적인 것은 스펀지 케이크이며 주원료인 달걀이 거품을 형성하는 성질을 이용한 것으로 영어의 sponge(海綿)에서 기인되었고 제조방법에 따라 여러 가지로 분류된다. 전란을 사용한 스펀지 케이크와 흰자 만을 사용한 엔젤푸드 케이크 등이 있으며 부재료의 선택에 따라 여러 종류의 제품을 만들 수 있다.

(1) 스펀지의 원리

스펀지가 부드러운 해면 상태로 되는 것은 달걀(주로 흰자)과 설탕이 거품을 일으켜 그속에 공기를 포집하는 것인데 여기에 밀가루를 혼합한 다음 굽는 과정을 통하여 오븐의 열에 의하여 기포가 팽창하면서 반죽이 부풀어 오른다.

재료 — 믹싱, 혼합 — 반죽 — 굽기 — 스펀지

* 공기를 포집시킨다.
* 밀가루 혼합

* 공기 팽창
* 전분의 호화
* 단백질의 응고

(2) 제조 준비

1) 오븐의 온도를 확인하여, 사전에 예열시킨다.
2) 전 재료를 정확히 계량한다. 밀가루는 반드시 체로 쳐 놓는다
   (설탕도 체질하여 사용하는 것이 바람직하다).
3) 필요한 도구는 깨끗이 씻어 놓는다.

4) 평철판, 각종 형태의 팬을 사용하되 위생 종이를 깐다.

(3) 제조공정

1) 공립법

①더운 방법(Hot mixing method)

가. 믹서 볼에 전 달걀을 넣고 거품기를 사용하여 가볍게 풀어준 후 설탕을 체로 쳐서 넣고 중탕하여 37~43도까지 덥힌 후 믹싱한다.

나. 믹싱된 반죽을 찍어 떨어뜨렸을 때 일정한 간격을 유지하면서 천천히 뚝뚝 흘러 떨어질 정도 또는 거품기로 반죽을 찍어 떨어뜨렸을 때 반죽 위에 떨어진 반죽의 무늬 형태가 잠시 유지되는 정도로 믹싱한다.

다. 밀가루를 체로 쳐서 넣고 덩어리가 생기지 않도록 혼합한다.

라. 유지를 첨가할 경우 유지는 미리 중탕으로 용해시킨 후 투입하고 골고루 혼합하여 반죽 제조를 마친다. 이 방법은 온도가 높기 때문에 기포성이 양호하지만 달걀이 밀가루 사용량보다 적어서는 안되며 주로 고율배합에 사용되므로 설탕의 용해도를 높이고 껍질색을 균일하게 해준다.

② 찬 방법(Cold mixing method)

이 방법은 달걀과 설탕을 중탕하지 않고 믹싱하는 방법으로 저율배합이나 베이킹파우더를 사용하는 배합 또는 믹서 성능이 좋을 때 주로 사용한다.

2) 별립법

① 달걀을 흰자와 노른자로 분리한다.

② 노른자에 1/3~1/2 가량의 설탕을 넣고 반죽이 하얗게 될 때까지 거품기를 사용하여 믹싱한다.

③ 별도의 믹서 볼에 흰자를 넣어 60~70% 정도로 기포한 후 나머지 설탕을 2~3회로 나누어 조금씩 넣으면서 머랭(Meringue)을 제조한다.

④ 전체 머랭중 1/3 가량을 ②에 넣고 가볍게 혼합한 후 밀가루를 체로 쳐서 넣고 다시 혼합한다.

⑤ 용해 유지나 우유를 넣고 골고루 혼합한다.

⑥ 나머지 2/3의 머랭을 가볍게 혼합한다.

3) 단 단계법

이 제법은 전 재료를 동시에 넣고 믹싱하여 반죽을 만드는 방법으로 믹서를 사용하며, 유화제 또는 기포제를 첨가하여야 한다.

(4) 공정상 주의점

1) 사용하는 믹서 볼 또는 거품기는 깨끗이 씻어 기름기가 없도록 한다(달걀, 특히 흰자의 기포가 나빠진다).

2) 달걀과 설탕의 혼합액에 가하는 열은 45℃ 이상이 되지 않도록 한다. 중탕과정에서 달걀이 익게되면 속결이 좋지 않은 제품이 되며 구웠을 때 찌그러지는 원인이 된다.

3) 달걀은 신선한 것을 사용하여야 하는데 오래된 달걀은 믹싱하는 동안 공기 포집을 최대로 할수 없기 때문에 구조가 약해지고 부피도 감소한다.

4) 믹싱 진행 정도는 기포의 상태, 반죽의 색, 반죽의 공기 포집 후 부피 등으로 판단한다.

5) 밀가루를 넣고 혼합할 때에는 덩어리가 생기지 않도록 주의한다. 혼합이 지나치면 글루텐 발달이 많아져서 단단하고 질긴 스펀지 케이크가 된다. 밀가루는 반드시 체질을 하여 사용한다.

6) 용해 버터나 식용유를 투입할 때는 한쪽에만 붓지 말고 윗면에 골고루 뿌려 부은 후 윗부분을 먼저 섞은 후 전체를 섞는다. 한쪽에만 부었을 경우 용해 버터나 식용유는 반죽 보다 비중이 높아 아래쪽으로 가라앉기 때문에 골고루 섞기가 힘들다.

7) 스펀지 케이크는 달걀 사용량이 많기 때문에 수분 증발에 따른 수축이 심하므로 오븐에서 꺼내자 마자 즉시 약간의 충격을 가한 후 뒤집어 빼내어야 한다.

(5) 스펀지 반죽의 기본배합

1) 스펀지 케이크

일반적인 배합율 범위는 밀가루 100%, 설탕 100~200%, 달걀 100~200%이다.

① 배합예

항목 재료	무거운 반죽	보통 반죽	가벼운 반죽
밀가루	100	100	100
설탕	100	100	100
달걀	100	150~200	250

② 배합의 변형

항목 재료	스펀지	코코아 스펀지	아몬드 스펀지
달걀	150	150	150
설탕	100	100	100
밀가루	100	90(10)	85(15)
코코아	–	10	–
아몬드 분말	–	–	15x3=45

③ 유화제 사용

유화제를 사용하는 경우는 4배의 물과 혼합하여 사용하며 사용범위는 사용 달걀량의 20~30% 정도이다. 사용한 유화제와 물량 만큼은 달걀량에서 줄여준다.

스펀지		스펀지(유화제 사용)
600g 달걀	→	물 96g+유화제 24g 달걀 480g
400g 설탕	→	설탕400g
400g 밀가루	→	밀가루400g+B.P 12g

2) 롤 (Roll)

일반적인 케이크 시트용 스펀지 반죽보다 수분이 많아야 하는데 구운 후 제품의 수분이 적으면 말기를 할 때 표피가 터지거나 갈라진다. 일반적으로 밀가루와 설탕의 비율은 2 : 3 정도이다.

① 배합 예

항목 재료	무거운 반죽	보통 반죽	가벼운 반죽
밀가루	100	100	100
설탕	150	150	150
달걀	200	250	350

3) 버터 스펀지 (Butter sponge)

버터 스펀지 배합에서의 유지 사용량은 공립법의 경우 설탕의 80%까지 사용하고 별립법의 경우 50%까지 사용한다.

항목 재료	무거운 반죽	보통 반죽	보통 반죽	무거운 반죽
밀가루	100	100	60	75
콘스타치	–	–	40	25
설탕	100	100	100	100
전란	250	200	130	100
황란	–	–	20	30
버터	25	40	60	75

(6) 부재료의 혼합방법

1) 코코아

일반적으로 밀가루 사용량의 8~15%를 사용한다. 첨가한 코코아 중량은 밀가루량에서 줄이지 않으면 안된다. 첨가하는 방법은 밀가루와 함께 혼합하여 체로 쳐서 사용하는 방법과 시럽이나 우유에 혼합하여 사용하는 방법이 있다.

코코아는 흡수성이 강하므로 코코아를 밀가루와 함께 혼합하여 첨가하면 반죽의 수분을 흡수하여 덩어리가 생기기 쉬우므로 주의를 요한다. 또한 코코아는 지방분이 많기 때문에 반죽의 기포가 꺼지기 쉽고(유지의 소포작용) 단단한 스펀지가 되기 쉽다.

2) 초콜릿

따뜻한 우유나 시럽에 초콜릿을 용해시킨 후 반죽의 되기와 같이 만들어서 혼합하는 것이 좋다.

3) 커피

커피는 소량의 더운물에 용해하여 첨가하고 밀가루 무게의 2~6%를 사용한다. 캐러멜을 소량 첨가하면 착색은 용이하나 너무 많이 첨가하면 풍미가 변한다.

4) 마지팬, 넛 페이스트, 견과류

공립법으로 반죽할 때는 덩어리가 잘 풀리지 않기 때문에 달걀을 조금씩 넣으면서 믹싱하여 덩어리를 풀어준다. 별립법으로 반죽할 때는 달걀 노른자와 함께 믹싱하며 이러한 재료를 넣고 반죽을 할 때는 반죽에 열을 가하지 않는다.

반죽에 열을 가하게 되면 마지팬 또는 넛 페이스트에서 지방분이 흘러나와 기포 형성에 지장을 주기 때문이다. 분말을 사용할 경우는 밀가루와 함께 혼합하여 사용하며 배합율이 조정되지 않은 상태에서 첨가할 경우는 사용량의 1/3에 해당되는 밀가루량을 줄여 사용하므로 반죽의 되기를 맞춘다.

스펀지 케이크
Sponge Cake

(1) 배합표

재료	비율(%)	무게(g)
달걀	166	664
설탕	166	664
소금	2	8
향(바닐라)	0.5	2
박력분	100	400

(3) 제조공정 (공립법)

1) 믹서 볼에 달걀을 넣고 거품기를 사용하여 골고루 풀어준다.

2) 설탕, 소금을 1)에 넣고 골고루 섞은 후 달걀과 설탕액의 온도가 37~43℃가 되도록 중탕하여 가온한 후 기포한다.

3) 기포의 정도는 색상의 변화, 부피의 변화, 또는 반죽을 손가락이나 나무 젓가락 등으로 찍어 떨어뜨려 보았을 때 떨어지는 속도나 반죽 표면에 떨어진 후 무늬가 유지되었다 사라지는 정도 등으로 판단한 후 저속으로 2~3분정도 믹싱하여 균일한 기포를 만든 후 향을 첨가한다.

4) 박력분을 체질한 후 3)에 넣고 나무주걱이나 손을 이용하여 가볍게 혼합한다.

(스펀지 케이크는 반죽형 케이크와 달리 기포의 안정성이 떨어지고 밀가루 덩어리가 생기기 쉬우므로 주의하여 혼합하여야 하며 반복숙달이 필요한 제품이다)

5) **팬닝** : 원형팬 또는 평철판 등을 사용하며 위생종이를 재단하여 깔아준 후 팬용적의 50~60% 정도로 반죽을 넣어주거나 팬용적 등을 계산하여 반죽무게를 산출한 후 계량하여 팬닝하고 표면을 고른 다음 약간의 충격을 가해 표면의 기포를 제거한 후 굽는다.

6) **굽기** : 온도 180/160℃, 시간 20~25분

> * 굽기 상태는 제품 중앙의 표면을 가볍게 눌렀을 때 원래 상태로 돌아오면 팬에 가벼운 충격을 가해 냉각망이나 나무판 등에 즉시 빼낸다.

7) 마무리 공정

제품을 냉각시켜 슬라이스 한 후 생크림이나 버터크림 등을 사용하여 데커레이션하거나 각종 양과자의 시트로 사용한다.

버터 스펀지 케이크(공립법)
Butter Sponge Cake

(1) 배합표

재료	비율(%)	무게(g)
박력분	100	500
설탕	120	600
달걀	180	900
소금	1	5
향	0.5	(2)
버터	20	100

(2) 제조공정 (공립법)

1) 달걀을 골고루 풀어주고 설탕, 소금을 넣고 섞은 후 바닐라 향을 첨가하여 반죽이 일정한 간격으로 떨어질 때까지 거품을 낸다.

※ 저속-중속-고속-중속으로 하여 반죽한다.

※ 달걀과 설탕을 넣어 중탕(43℃)해서 믹싱하면 달걀의 기포성이 좋다.

2) 체 친 박력분을 가볍게 혼합한다.

※ 반죽을 찍어 떨어뜨렸을 때 거의 매달려 있는 상태가 적당하다.

3) 버터를 녹여(60℃) ②에 넣고 골고루 혼합한다 (반죽온도 25℃, 비중 0.55±0.05).

※ 버터가 바닥에 가라앉지게 하면서 빠른 시간 내에 혼합한다.

※ 용해 버터에 일부 반죽을 섞어서 혼합하는 방법도 있다.

4) 평철판이나 원형틀에 위생지를 깔고 틀 용적의 60~65% 정도 반죽을 채운다.

※ 오븐에 넣을 때 탭핑(Tapping)을 한 번 하여 반죽 윗쪽에 올라올 기포를 터트려 준다.

5) 윗불 175℃, 아랫불 170℃의 오븐에서 25~30분간 굽는다.

※ 다 구워지면 탭핑을 한 번 하고 뜨거운 팬에서 빨리 빼낸다.

> **주의사항**
> 밀가루는 사용하기 바로 전에 체로 쳐야 한다. 이는 밀가루 덩어리와 불순물을 걸러내고 밀가루 알갱이 사이에 공기를 포함시키기 위해서이다. 공기를 품은 밀가루로 반죽하면 혼합·흡수성이 뛰어나 부피가 크고 속결이 부드러운 제품을 만들 수 있다. 버터 스펀지 케이크는 달걀의 거품을 올리는 것과 버터 혼합과정이 비중을 맞추는데 중요한 역할을 하기 때문에 주의해야 한다.

밀가루 혼합

팬 넣기

03

버터 스펀지 케이크(별립법)
Butter Sponge Cake

(2) 제조공정 (별립법)

1) 달걀을 노른자와 흰자로 분리한다.

2) 노른자를 골고루 풀어준 후 설탕A, 소금, 바닐라 향을 넣고 섞는다.

※ 계량시간 내에는 달걀의 개수로 계량하며, 제조 시 흰자, 노른자를 분리한다.

3) 흰자를 60%까지 휘핑한 후 설탕 B를 조금씩 넣으면서 80~90 %까지 휘핑해 머랭을 만든다.

4) ②에 머랭 1/3을 넣고 섞는다.

5) 함께 체 친 박력분, 베이킹파우더를 ④에 넣고 가볍게 섞는다.

6) 버터를 녹여 고루 섞은 후 나머지 머랭을 넣고 섞는다(반죽온도 23℃, 비중0.55±0.05).

7) 원형틀 또는 평철판에 위생지를 깔고 50~60% 정도 반죽을 채운다.

8) 윗불 175℃, 아랫불 170℃의 오븐(평철판의 경우에는 200℃ 전후)에서 25~30분간 굽는다.

※ 뜨거운 틀에서 빨리 빼낸다.

(1) 배합표

재료	비율(%)	무게(g)
박력분	100	600
설탕A	60	360
설탕B	60	360
달걀	180	900
소금	1.5	9
베이킹파우더	1	6
바닐라 향	0.5	3
용해 버터	25	150

기포 하기

팬 넣기

소프트 스펀지 케이크
Soft Sponge Cake

(1) 배합표

재료	비율(%)	무게(g)
달걀	180	900
설탕	90	450
유화제	9	45
박력분	100	500
베이킹파우더	1	5
물	24	120
버 터	40	200

* 제품을 냉각 시킨 후 데커레이션 케이크나 각종
  양과자의 시트(Seat)로 사용한다.

(3) 제조공정 (일단계법)

1) 믹서 볼에 달걀을 풀어 준 후 박력분, 베이킹파우더, 설탕, 유화제를 넣고 저속으로 믹싱한 후

믹싱

중속 또는 고속으로 기포하면서 물을 넣어 믹싱 완료한다.

2) 버터를 중탕으로 용해한 후 1)에 넣고 골고루 혼합하여 반죽을 마친다.

3) 팬닝 : 원형팬 또는 평철판에 종이를 깔고 팬용적에 60% 정도로 반죽을 넣어 팬닝한다.

4) 굽기 : 온도 180/160℃, 시간 20~25분

05

아몬드 제누아즈
Almond Génoise

(1) 배합표

재료	비율(%)	무게(g)
박력분	80	640
아몬드가루	20	160
설탕	80	640
달걀	110	880
버터	15	120
계	306	2,440

(2) 제조공정 (별립법)

1) 믹서볼에 설탕, 달걀을 넣고 중탕해서 믹싱한다.

※ 저속 1분, 중속 10분, 고속 2분, 중속 3분, 저속 3분 순서로 믹싱한다.

2) 박력분, 아몬드가루는 2번 정도 체 친 후 가볍게 혼합한다.

3) 버터를 60℃ 정도로 녹여 2에 넣고 버터가 바닥에 가라앉지 않게 하면서 빠른 시간 내에 혼합한다(반죽온도 25℃, 비중 0.48±0.05).

4) 팬닝 : 위생지를 깐 3호팬 4개에 틀 용적의 60~65% 정도 반죽을 채운다.

※ 오븐에 넣기 전 팬을 바닥에 한번 내리쳐 반죽 윗쪽에 올라올 기포를 미리 터트려 준다.

5) 굽기 : 윗불 180℃, 아랫불 160℃ 의 오븐에서 20~30분 동안 굽는다.

중탕하기

반죽제조

비중재기

팬닝

젤리 롤 케이크
Jelly Roll Cake

(1) 배합표

재료	비율(%)	무게(g)
박력분	100	400
설탕	130	520
달걀	170	680
소금	2	8
물엿	8	32
베이킹파우더	0.5	2
우유	20	80
향	1	4
잼	50	200

(2) 제조공정(공립법)

1) 달걀을 풀어준 후 설탕, 소금, 물엿을 함께 섞어 믹싱한다.

※ 반죽을 찍어 떨어뜨렸을 때 간격을 유지하면서 천천히 떨어지는 상태가 적당하다.

2) 함께 체 친 박력분, 베이킹파우더, 바닐라 향을 ①에 넣으면서 가볍게 섞어준다.

3) 우유를 넣어 섞으면서 되기를 조절한다(반죽온도 23℃, 비중0.5±0.05).

4) 철판에 위생지를 깔고 반죽을 부은 후 윗면을 고르게 편다.

※ 반죽 중에 생긴 큰 공기방울은 없애주는 것이 좋다.

5) 일부 반죽에 캐러멜 식용색소를 혼합하여 진한 갈색으로 만들거나, 노른자를 체에 걸러 캐러멜 색소를 넣고 진한 갈색으로 만든다.

6) ⑤의 색소를 반죽 표면의 2/3정도까지만 2cm 간격의 한일자(一) 모양으로 짠 후 나무젓가락 등을 이용해 4cm 폭으로 무늬를 만든다.

7) 윗불 170~175℃, 아랫불 170℃ 오븐에서 20~25분간 굽는다.

※ 오븐에서 꺼낸 후 틀에서 빨리 빼낸다.

8) 약간 축축한 면포나 식용유를 바른 종이 위에 뒤집어 놓고 붓이나 분무기로 물을 묻혀 가며 바닥에 붙어 있는 종이를 떼어낸 후 잼을 얇게 골고루 펴 바른다.

※ 감독위원의 지시에 따라 건포도를 뿌릴 것인가를 결정한다.

9) 밀대를 이용해 말아준 후 식용유를 바른 종이로 싸서 잠시 두었다가 벗겨낸다.

※ 롤 케이크는 되도록 빨리 말아야 표면이 갈라지지 않는다.

10) 냉각시켜 이등분 한다.

> * 냉각된 이후에 말기를 하면 표면이 터지거나 갈라지므로 구운 즉시 또는 열이 남아 있는 상태에서 말기를 하는 것이 좋다.

무늬 넣기

말기

07

소프트 롤 케이크
Soft Roll Cake

(1) 배합표

재료	비율(%)	무게(g)
박력분	100	250
설탕A	70	175
물엿	10	25
소금	1	2.5
물	20	50
향	1	2.5
설탕B	60	150
달걀	280	700
베이킹파우더	1	2.5
식용유	50	125
잼	80	200

(2) 제조공정 (별립법)

1) 골고루 푼 노른자에 설탕A, 물엿, 소금을 넣고 기포한 후 물과 바닐라 향을 넣고 저속으로 휘젓기하여 설탕을 용해시킨다.

※ 노른자에 설탕을 넣고 그대로 두면 좁쌀 같은 덩어리가 생기므로 주의한다.

※ 계량시간 내에는 달걀의 개수로 계량하며, 제조 시 흰자, 노른자를 분리한다.

2) 흰자를 60% 정도 믹싱한 후 설탕B를 조금씩 넣으면서 중간 피크(80~85%)까지 믹싱해 머랭을 만든다.

※ 설탕을 한꺼번에 넣으면 거품이 죽는다. 머랭을 거품기로 찍었을 때 끝이 뾰족하게 휘어야 한다.

3) ①에 머랭 1/3을 넣고 가볍게 섞는다.

4) 함께 체 친 박력분과 베이킹파우더를 ③에 넣고 가볍게 섞는다.

5) 식용유를 넣고 골고루 섞은 후 나머지 머랭을 섞는다(반죽온도 22±1℃, 비중 0.45±0.05).

※ 반죽의 상태는 가볍고 윤기가 나야 한다. 반죽을 떨어뜨려 봤을 때 리본이 접히듯이 무늬가 남는 정도가 적당하다.

6) 철판에 위생지를 깔고 반죽을 부은 후 윗면을 고르게 편다

7) 일부 반죽과 캐러멜 색소를 혼합해 반죽 표면에 폭 2cm 간격의 한일자(一) 모양을 짠다(반죽의 2/3 정도까지만 짠다).

8) 나무젓가락 등을 이용해 4cm 폭으로 무늬를 만든다.

9) 윗불 170~175℃, 아랫불 170℃ 오븐에서 20~25분간 굽는다.

※ 다 구워지면 뒤집어 놓고 붓이나 분무기로 물을 묻혀가며 바닥에 붙어 있는 종이를 떼어낸다.

10) 바닥에 면포를 깔고 잼이나 크림을 바른 후 밀대를 이용해 둥글게 말아준다. 이때 무늬가 없는 부분이 안으로 들어가게 말아준다.

※ 시트가 너무 뜨거우면 가라앉기 쉬우므로 조금 식은 뒤에 마는 것이 좋다.

초코 롤 케이크
Chocolate Roll Cake

(1) 배합표

재료	비율(%)	무게(g)
박력분	100	168
달걀	285	480
설탕	128	216
코코아파우더	21	36
베이킹소다	1	2
물	7	12
우유	17	30
충전용 다크커버추어	119	200
충전용 생크림	115	180~200
충전용 럼	12	20

(2) 제조공정(공립법)

1) 달걀을 풀어준 후 설탕을 넣고 중탕한다.

※ 달걀을 중탕으로 따뜻하게 만들어 준 후 믹싱을 하면 기포성이 좋은 반죽을 만들 수 있다.

2) 고속으로 휘핑한 후 연한 미색이 되면 중속으로 바꿔 단단한 거품을 올려 준다.

3) 반죽을 떨어뜨려 봤을 때 자국이 천천히 사라지는 정도까지 휘핑한 후 함께 체 친 박력분, 코코아파우더, 베이킹소다를 넣으면서 주걱을 이용해 가볍게 뒤집으면서 섞는다.

4) 중탕으로 따뜻하게 데운 물과 우유를 넣고 섞는다.

※ 믹싱을 많이 하면 가벼워 구운 후 주저앉으므로 비중을 0.45~0.5 정도로 정확하게 맞춰야 한다.

5) **팬닝** : 철판에 위생지를 깔고 반죽을 부은 후 스크레이퍼를 이용해 윗면을 고르게 편다.

※ 팬닝 후 큰 기포는 철판을 가볍게 내리쳐 제거한 후 오븐에 넣는다.

6) **굽기** : 윗불 168℃, 아랫불 175℃ 오븐에서 15~20분간 굽는다.

※ 소량의 밀가루를 사용하여 만들기 때문에 굽는 과정에서 수분이 너무 많이 남아있지 않도록 주의한다.

7) **마무리 공정** : 타공팬으로 옮겨 위생지를 떼어낸 다음 가나슈를 골고루 펴 바른 후 밀대를 이용해 말아준다.

※ 굽고 난 후 롤 케이크가 미지근할 때 말아야 가나슈가 굳지 않고 잘 말린다.

충전용 가나슈 만들기

따뜻하게 중탕한 다크커버추어에 생크림을 붓고 섞은 다음 완전히 유화되면 럼을 넣고 섞는다.

09

흑미 롤 케이크
Black Rice Roll Cake

(1) 배합표

재료	비율(%)	무게(g)
박력쌀가루	100	250
흑미쌀가루	20	50
설탕	120	300
달걀	184	460
소금	1	2.5
베이킹파우더	1	2.5
우유	72	180
충전용 생크림	60	150

(2) 제조공정(공립법)

1) 달걀을 풀어준 후 설탕과 소금을 넣고 중탕한다.

※ 달걀과 설탕을 중탕하여 믹싱하면 달걀의 기포성이 양호하고 설탕의 용해도가 좋아 균일한 껍질색을 얻을 수 있다.

2) 고속으로 휘핑한 후 연한 미색이 되면 중속으로 바꿔 단단한 거품을 올려 준다.

3) 반죽을 떨어뜨려 봤을 때 자국이 천천히 사라지는 정도까지 휘핑한 후 함께 체 친 박력쌀가루, 흑미쌀가루, 베이킹파우더를 넣고 주걱을 이용해 가볍게 뒤집으면서 섞는다.

4) 중탕으로 따뜻하게 데운 우유에 반죽 일부를 덜어 혼합한 후 본 반죽에 넣고 가볍게 섞는다.

※ 기포를 꺼트린다는 생각으로 섞어 반죽의 비중이 0.45~0.5 정도 되도록 만든다.

5) 팬닝 : 철판에 위생지를 깔고 반죽을 부은 후 스크레이퍼를 이용해 윗면을 고르게 편다.

※ 유지가 들어가지 않고 쌀가루를 사용하기 때문에 팬닝하기 전 기포를 충분히 꺼트려주고 팬닝 후에도 큰 기포는 철판을 가볍게 내리쳐 제거한 후 오븐에 굽는다.

6) 굽기 : 윗불 175℃, 아랫불 175℃ 오븐에서 15~20분간 굽는다.

7) 마무리 공정

타공팬으로 옮겨 완전히 식히고 위생지를 떼어낸 다음 생크림을 골고루 펴 바른 후 밀대를 이용해 말아준다.

팬닝

말기

버터 롤 케이크
Butter Roll Cake

(1) 배합표

재료	비율(%)	무게(g)
달걀	200	800
설탕	120	480
물엿	10	40
소금	1	4
향(바닐라)	0.5	2
박력분	100	400
식용유	20	80

* 마무리재료 : 버터크림, 황도

(2) 제조공정 (공립법)

1) 믹서 볼에 달걀을 넣고 풀어 준 후 설탕, 물엿, 소금을 넣어 기포한다(향 첨가).

2) 1)에 체로 친 밀가루를 넣어 가볍게 혼합한 후 식용유를 고르게 섞어 반죽을 마친다.

3) 팬닝 : 평철판에 종이를 깔고 반죽을 넣어 고르기 한 후 윗면을 고르기 한다.

4) 굽기 : 온도 200/150℃, 시간 12~15분

5) 마무리 공정

제품을 냉각시킨 후 종이를 제거 하고 버터크림을 샌드한 후 자른 황도를 넣고 말기한다.

> * 스펀지를 냉각시킬 때에는 구운 직후 나무판이나 냉각망에 옮겨 철판을 뒤집어 덮어 냉각시키거나 또는 1차 발효실 정도의 조건에서 냉각시킨다.

과일 넣기

말기

11

생크림 롤 케이크
Fresh Cream Roll Cake

(1) 배합표

비스퀴 아 라 퀴이예르(Biscuit à là Cuillere)

재료	비율(%)	무게(g)
박력분	100	400
달걀	225	900
설탕	125	500

(2) 제조공정(별립법)

1) 그릇에 노른자를 풀어준 후 설탕 사용량의 1/3 정도를 넣고 믹싱한다.

2) 흰자와 나머지 설탕을 사용하여 매끄럽고 안정적인 머랭을 제조한다.

3) 1)에 머랭의 1/3 정도를 넣고 가볍게 혼합한다.

4) 3)에 체질 한 박력분을 넣고 가볍게 혼합한다.

5) 4)에 나머지 머랭을 넣고 혼합하여 반죽을 마친다.

6) 원형 모양깍지를 끼운 짤주머니에 5)의

반죽을 넣고 종이를 깐 평철판에 사선으로 짜기한 다음 제품의 윗면에 분당을 고르게 뿌린 후 굽는다.

> * 제품의 윗면에 초콜릿을 커팅하거나 넛류 등을 뿌려 굽기도 한다.

6) 굽기 : 온도 200/150℃, 시간 12–15분

* 크렘 요구르트 (Crème Yougourt)

재료	비율(%)	무게(g)
생크림	100	800
설탕	8	64
요구르트(호상)	40	320

제조공정
1) 믹싱 볼에 차가운 생크림과 설탕을 넣어 기포한다.
2) 1)의 생크림에 요구르트를 섞어 준다.

7) 마무리공정 : 구워져 나온 비스퀴를 냉각시킨 후 종이를 제거하고 요구르트크림을 샌드한 후 말아서 냉동고에서 굳힌 후 절단하여 각종 과일 등으로 마무리 한다.

반죽 짜기

분당 뿌리기

크림 샌드

말기

초콜릿 롤 케이크

Chocolate Roll Cake

(1) 배합표

A. 초콜릿 스펀지(Chocolate Sponge)

재료	비율(%)	무게(g)
흰자	350	525
설탕	350	525
초콜릿(다크)	130	195
버터	24	36
박력분	100	150

B. 초콜릿 생크림(Chocolate Whipped Cream)

재료	비율(%)	무게(g)
생크림	100	500
설탕	10	50
초콜릿(다크)	20	100

(2) 제조공정

A.초콜릿 스펀지

1) 초콜릿을 잘게 자른 후 버터와 함께 중탕으로 용해시킨다.

2) 믹서 볼에 흰자를 넣고 거품기를 사용하여 60% 정도 기포하고 설탕을 나누어 투입하여 90% 정도의 머랭을 만든다.

3) 2)에 녹인 초콜릿을 넣어 기포가 손실되지 않도록 주의하여 골고루 혼합한다.

4) 박력분을 체질한 후 3)에 넣고 골고루 혼합한다.

5) 팬닝 : 평철판에 종이를 깐 후 짤주머니에 원형 모양깍지(Ø1㎝) 를 끼우고 반죽을 넣은 후 가로 또는 대각선 방향으로 맞대어 짠다.

6) 굽기 : 온도 200/160℃, 시간 15~20분 (구워져 나온후 마르지 않게 보관한다).

B. 초콜릿 생크림

1) 초콜릿을 너무 뜨겁지 않게 중탕으로 용해시킨다.

2) 생크림과 설탕을 혼합하여 80~90% 정도로 기포한다. 1)의 초콜릿에 일부 생크림을 혼합한 후 나머지 생크림을 넣어 매끄럽게 되도록 혼합한다.

말기 및 마무리

냉각시킨 초콜릿 스펀지의 종이를 떼어내고 초콜릿 생크림을 두툼하게 샌드하여 말기를 하고 종이 등으로 감싸 냉동고에 넣어 굳힌 후 꺼내어 폭 3㎝ 정도로 자르기를 하여 분당이나 크림 등을 사용하여 마무리한다.

지트로렌 룰라덴

Zitroren Rouladen

(1) 배합표

A. 시가렛 (Pâte à Cigalette)

재료	비율(%)	무게(g)
버터	200	100
분당	200	100
흰자	350	175
박력분	100	50
코코아	50	25

B. 비스퀴 (Biscuit)

재료	비율(%)	무게(g)
달걀	300	900
설탕(a)	80	240
박력분	100	300
전분	20	60
버터(용해)	15	45
설탕(b)	62	186

C. 지트로렌 크렘 (Zitren Crème)

재료	비율(%)	무게(g)
계 란	60	240
노른자	18	72
설탕	100	400
마가린	50	200
레몬즙	–	4(ea)
버터	100	400

(2) 제조공정

A. 시가렛 (Pâte à Cigalette)

1) 크림법을 이용하여 반죽을 제조한 후 실팻 위에 모양을 내어 평철판에 종이를 깔고 팬에 넣어 냉동고에 넣어 둔다.

B. 비스퀴 (Biscuit)

1) 별립법을 이용하여 비스퀴를 제조한 후 냉동고에 넣어 둔 팬위에 반죽을 넣어 윗면을 고르고 굽는다.

2) 굽기 : 온도 210/160℃, 시간 15~20분

C. 지트로렌 크렘 (Zitren Crème)

1) 볼에 전란, 노른자, 설탕, 마가린, 레몬즙을 넣어 혼합하여 불 위에 올려 끓인 후 불에서 내려 냉각시킨다.

2) 믹서 볼에 버터를 넣어 믹싱한 후 냉각된 1)을 여러 차례로 나누어 투입하면서 크렘을 만든다.

마무리 공정

냉각시킨 비스퀴 위에 지트로렌 크렘을 샌드하여 말고 종이로 말아 냉장고에 넣어 굳힌 후 절단하여 마무리한다.

무늬 만들기

반죽 넣기

크림 샌드

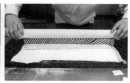
말기

14

녹차 롤 케이크
Green Tea Roll Cake

(2) 제조공정

A. 녹차 스펀지

1) 달걀을 풀어 준 후 설탕과 꿀을 넣어 중탕하고 기포한다.

2) 박력분과 녹차를 체로 2~3회 친 후 1)에 넣어 혼합한다.

3) 우유에 버터를 넣어 용해 시킨 후 2)에 넣고 혼합하여 반죽을 완료한다.

4) 팬닝 : 평철판에 종이를 깐 후 반죽을 넣어 고르기를 한다.

5) 굽기 : 온도 200/150℃, 시간 10~15분

B. 녹차 생크림

1) 생크림에 설탕을 넣어 80~90% 정도로 기포한다.

2) 녹차에 럼을 넣어 섞은 후 1)에 넣고 혼합한다.

마무리 공정

냉각시킨 녹차 스펀지에 크림을 샌드하여 말고 종이로 감싸서 냉동실에 넣어 굳힌 뒤 잘라서 상품화 한다.

(1) 배합표

A. 녹차 스펀지

재료	비율(%)	무게(g)
달걀	250	750
설탕	155	465
꿀	30	90
박력분	100	300
녹차(분말)	8	24
우유	38	114
버터	20	60

B. 녹차 생크림

재료	비율(%)	무게(g)
생크림	100	500
설탕	10	50
녹차(분말)	8	40
럼	4	20

반죽 제조

반죽 고르기

부세
Bouchées

(1) 배합표

재료	비율(%)	무게(g)
달걀	220	660
설탕	120	360
아몬드 분말	15	45
베이킹파우더	2.5	7.5
중력분	100	300

(2) 제조공정 (별립법)

1) 흰자와 노른자를 분리한다.

2) 믹서 볼에 흰자를 넣고 60% 정도로 기포하여 설탕을 나누어 투입하면서 90% 정도의 매끄럽고 안정감 있는 머랭을 제조한다.

3) 노른자를 멍울이 없도록 풀어 준 후 2)에 넣고 가볍게 혼합한다.

4) 박력분과 베이킹파우더, 아몬드 분말을 체질한 후 3)에 넣고 조심스럽게 골고루 혼합하여 반죽을 마친다.

5) 팬닝 : 평철판에 종이를 깐 후 짤주머니에 원형 모양깍지(Ø2cm)를 끼운 후 반죽을 넣어 직경 8cm 정도 크기의 둥근 형태로 짜고 표면에 분당을 골고루 뿌려 굽는다.

6) 굽기 : 온도 185/150℃, 시간 15~20분

7) 마무리 공정

냉각시킨 제품을 종이에서 떼어낸 후 여러 가지 크림을 활용하여 2개를 샌드하여 마무리한다.

반죽 짜기   분당 뿌리기

16

레오파드
Leopard

(1) 배합표

A. 슈 (Choux)

재료	비율(%)	무게(g)
우유	50	60
물	40	48
버터	90	108
박력분	100	120
달걀	200	240

B. 스펀지 (Sponge)

재료	비율(%)	무게(g)
노른자	380	570
설탕	200	300
레몬즙	10	15
물	100	150
박력분	100	150

C.디프로매트 크림 (Diplomate Crèam)

재료	비율(%)	무게(g)
우유	100	300
설탕	20	60
노른자	20	60
박력분	10	30
바닐라 향	0.4	1.2
생크림	150	450
럼	10	30

(2) 제조공정

A. 슈 (Choux)

1) 슈 반죽을 제조하여 짤주머니에 원형 모양 깍지(∅0.8~1㎝)를 끼우고 슈반죽을 넣어 평철판에 가로 방향으로 한일자형의 원기둥 모양 으로 5개를 길게 짜고 약간의 슈반죽을 남겨 놓는다.

2) 굽기 : 온도 200/160℃, 시간 15~20분

B. 스펀지 (Sponge)

1) 믹서 볼에 노른자를 넣고 풀어준 후 설탕을 넣어 반죽을 찍어 올려 보았을 때 떨어지지 않고 매달려 있는 상태까지 믹싱한다.

2) 레몬즙과 물을 혼합하여 1)에 넣는다.

3) 박력분을 체로친 후 2)에 넣고 혼합하여 반죽을 마친다.

4) 팬닝 : 평철판에 종이를 깐 후 반죽을 넣어 고르고 남은 슈반죽을 종이 짤주머니에 넣어 반죽의 표면에 그물형태 등으로 짠다.

5) 굽기 : 온도 210/160℃, 시간 10~15분

C. 디프로매트 크림제조

1) 커스터드크림을 제조하여 냉각시킨다.

2) 생크림과 럼을 기포하여 1)에 넣고 혼합한다.

마무리 공정

1) 구워져 나온 스펀지를 냉각시킨 후 종이를 떼어내고, 스펀지 바닥면에 C.의 디프로매트 크림을 샌드하고 B의 원기둥 형태의 슈를 올려 놓고 만다(roll).

2) 냉동고에 넣어 굳게 한 다음 제품의 표면에 광택제 등을 바르고 폭 3cm 정도의 크기로 절단하여 마무리한다.

슈 짜기

모양 짜기

크림 샌드

슈 올리기

말기

말기

17

쇼트 케이크
Short Cake

(1) 배합표

재료	비율(%)	무게(g)
박력분	100	500
달걀	170	850
노른자	20	100
설탕	100	500
향(바닐라)	0.5	2.5
버터	25	125

* 마무리재료 : 생크림, 딸기, 시럽

(2) 제조공정 (공립법)

1) 믹서 볼에 달걀을 넣고 골고루 풀어준 후 설탕, 소금을 넣어 기포한 후 향을 첨가한다.

2) 박력분을 체질한 후 1)에 넣어 덩어리가 생기지 않고 기포 파괴에 주의하며 혼합한다.

3) 용해 버터(50~60℃)를 2)에 넣고 기포가 꺼지는 것에 주의하여 골고루 혼합한 후 반죽을 마친다.

4) 팬닝 : 평철판에 종이를 깔고 반죽을 넣은 후 윗면을 고르고 약간의 충격을 가해 표면의 기포를 제거한 후 굽는다.

5) 굽기 : 온도 190/160℃, 시간 20~30분

마무리 공정

1) 냉각시킨 버터스펀지를 2cm 두께로 자르기를 하여 2장을 준비한다.

2) 나무판이나 알루미늄팬에 종이를 깐 후 스펀지의 바닥면이 밑으로 가게 하고 윗면에는 시럽을 발라 생크림으로 샌드한 후 슬라이스한 딸기를 일정한 간격으로 펼쳐 올려 놓는다. 다시 생크림을 바른 한 장의 시트로 덮어준다.

3) 2)의 윗면을 위생종이로 덮은 후 나무판이나 알루미늄팬 등으로 가볍게 눌러 수평이 되도록 한다.

4) 3)의 윗면에 시럽을 바르고 생크림을 발라 매끄럽게 고르고 적당한 크기로 자르기를 한 다음 짤주머니와 모양깍지 등을 사용하여 생크림을 짜준 후 과일을 올려 마무리한다.

스펀지 자르기

시럽 바르기

샌드하기

자르기

시퐁 케이크
Chiffon Cake

(1) 배합표

재료	비율(%)	무게(g)
박력분	100	400
설탕A	65	260
설탕B	65	260
달걀	150	600
소금	1.5	6
베이킹파우더	2.5	10
식용유	40	160
물	30	120

(2) 제조공정 (시퐁법)

1) 달걀은 노른자와 흰자로 분리하고, 흰자는 기름기가 없는 용기에 넣어야 한다.

※ 계량시간 내에는 달걀의 개수로 계량하며, 제조 시 흰자, 노른자를 분리한다.

2) 노른자와 식용유를 섞은 다음 설탕A, 소금, 함께 체 친 박력분, 베이킹파우더를 넣어 섞는다.

3) ②에 물을 조금씩 넣으면서 덩어리가 없는 매끄러운 상태로 풀어준다.

3) 믹서 볼에 흰자를 넣고, 60% 정도의 머랭을 만든다. 여기에 설탕B를 2~3회에 나누어 넣으면서 85% 정도의 머랭을 만든다.

4) ④에서 만든 머랭을 1/3씩 나누어 ③의 반죽에 섞는다. 지나치게 섞지 않도록 주의한다.

6) 비중을 측정하여 조절하고(0.45±0.05 전후가 적당), 반죽온도는 23℃에 맞춘다.

7) 시퐁틀에 물을 뿌려 준비하고 짤주머니를 이용해 틀의 70% 정도만 채운다.

머랭 혼합하기

팬닝

19

레몬 시퐁 케이크
Lemon Chiffon Cake

(1) 배합표

재료	비율(%)	무게(g)
노른자	75	375
설탕(a)	80	400
소금	1.5	7.5
흰자	150	750
주석산 크림	0.5	2.5
설탕(b)	50	250
레몬 표피	0.5	2.5
레몬즙	2	10
박력분	100	500
베이킹파우더	1	5
식용유	45	225

(2) 제조공정(별립법)

1) 믹서 볼에 달걀 노른자를 넣고 거품기를 사용하여 골고루 풀어 주고 설탕(a)를 넣어 기포한후 레몬즙과 레몬표피를 넣어 혼합한다.

2) 다른 믹서 볼에 흰자를 넣고 60~70% 정도로 기포한 후 설탕을 넣어 80~90% 상태의 머랭을 만들어 1)에 1/3 정도를 넣고 가볍게 혼합한다.

3) 박력분과 베이킹파우더를 체질하여 2)에 넣고 골고루 혼합한다.

4) 나머지 머랭 2/3를 3)에 넣어 혼합한 후 식용유를 넣고 혼합한다.

5) 팬닝

①시퐁팬에 물을 분무하여 뒤집어 놓는다.

② 준비된 팬에 팬용적의 60% 정도의 반죽을 넣는다.

6) 굽기 : 온도 170/160℃, 시간 30~40분

7) 마무리 공정 : 제품을 냉각시킨 후 생크림 등을 사용하여 아이싱 및 데커레이션을 한다.

쌀 시퐁 케이크
Rice Chiffon Cake

(1) 배합표

재료	비율(%)	무게(g)
달걀	90	450
설탕(a)	60	300
소금	1	5
식용유	45	225
향(바닐라)	0.5	2.5
박력 쌀가루	100	500
베이킹파우더	3	15
흰자	123	615
설탕(b)	75	375

(2) 제조공정

1) 그릇에 달걀, 설탕(a), 소금을 거품기로 혼합한다.

2) 식용유를 1)에 넣어 혼합한다(향 투입).

3) 쌀가루와 베이킹파우더를 체질하여 2)에 넣고 혼합한다.

4) 흰자와 설탕(b)를 사용하여 85% 정도의 머랭을 제조한 후 3)에 2~3회 정도로 나누어 투입하여 반죽을 마친다.

5) **팬닝** : 물을 분무하여 준비 한 팬에 팬용적의 60~70% 정도 반죽을 넣어 준다.

6) **굽기** : 온도 180/160℃, 시간 25~30분

21

초콜릿 시퐁 롤케이크
Chocolate Chiffon Roll Cake

(1) 배합표

재료	비율(%)	무게(g)
박력분	100	300
설탕(a)	85	255
소금	1	3
베이킹파우더	2	6
B.S.	0.5	1.5
코코아	15	45
식용유	50	150
노른자	50	150
물	70	210
오렌지 향	0.5	1.5
흰자	100	300
주석산 크림	0.5	1.5
설탕(b)	55	165

(2) 제조공정

1) 박력분, 베이킹파우더, B.S. 코코아를 체질한 후 그릇에 넣고 설탕(a), 소금을 넣어 골고루 혼합한다.

2) 노른자와 식용유를 골고루 혼합한 다음 1)에 넣고 유연하게 믹싱한 후 물을 나누어 투입하고 향을 첨가시킨다.

3) 다른 믹서 볼에 흰자와 주석산 크림, 설탕(b)를 넣어 머랭을 제조한 후 2)에 2~3회 정도로 나누어 넣으면서 골고루 혼합한다.

4) 팬닝 : 평철판에 종이를 깐 후 반죽을 넣어 윗면을 고르게 한다.

5) 굽기 : 온도 200/160℃, 시간 15~20분

6) 마무리 공정

구워져 나온 제품을 냉각시킨 후 버터크림 또는 생크림 등으로 샌드하여 만든다.

크림 샌드

말기

22

오렌지 시퐁 롤케이크
Orange Chiffon Roll Cake

(1) 배합표

재료	비율(%)	무게(g)
박력분	100	300
설탕(a)	65	195
소금	1	3
베이킹파우더	4	12
노른자	50	150
식용유	50	150
오렌지 주스	35	105
물	40	120
바닐라 향	1	3
흰자	100	300
설탕(b)	65	195
주석산 크림	1	3

(2) 제조공정

1) 그릇에 박력분과 베이킹파우더를 체질하여 넣고 설탕(a), 소금을 투입하여 골고루 혼합한다.

2) 노른자와 식용유를 1)에 넣고 유연하게 혼합한 후 물과 오렌지주스를 조금씩 넣어 섞은 다음 향을 첨가시킨다.

3) 다른 믹서 볼에 흰자를 넣고 설탕(b)와 주석산 크림을 넣으면서 80~90% 상태의 머랭을 제조하고 2)에 2~3회로 나누어 혼합하여 반죽을 마친다.

4) 팬닝 : 평철판에 종이를 깐 후 반죽을 넣어 윗면을 고른다.

5) 굽기 : 온도 200/160℃, 시간 15~20분

6) 마무리 공정

구워져 나온 제품을 냉각시킨 후 각종 크림 등을 샌드하여 말기를 한다.

반죽 제조

팬닝

크림 샌드

말기

23

엔젤 푸드 케이크
Angel Food Cake

(2) 제조공정

1) 믹서 볼에 흰자를 넣고 거품기를 사용하여 60% 정도 기포한 후 설탕을 나누어 넣으면서 기포하여 85% 상태의 머랭을 만든 후 향을 첨가한다.

2) 박력분과 분당을 체로 친 후 1)에 넣고 기포가 꺼지지 않도록 골고루 혼합하여 반죽을 완료시킨다.

3) 팬닝 : 엔젤팬을 사용하여 팬 안의 기름기를 제거한 후 분무기를 사용하여 물을 분무 후 거꾸로 엎어놓았다가 팬용적의 60~65% 정도의 반죽을 넣는다.

4) 굽기 : 온도 170/150℃, 시간20~30분

5) 마무리 공정

제품을 구워낸 후 팬을 뒤집어 냉각시키고 제품이 부서지지 않도록 팬에서 빼어 준 다음 각종 크림 등을 이용하여 샌드 및 아이싱을 한다.

(1) 배합표

재료	비율(%)	무게(g)
흰자	260	520
설탕	130	260
소금	2	4
주석산 크림	2.5	5
향(바닐라)	0.5	1
향(아몬드)	0.3	0.6
박력분	100	200
분당	130	260

흰자 기포

반죽 제조

반죽 넣기

팬닝

커스터드 케이크
Custard Cake

(1) 배합표

재료	비율(%)	무게(g)
달걀	350	1050
설탕(a)	25	75
소금	1	3
향(바닐라)	0.5	1.5
주석산 크림	1	3
설탕(b)	100	300
박력분	100	300
베이킹파우더	1.5	4.5
식용유	70	210

* 커스터드 크림 (Custard Cream)

재료	비율(%)	무게(g)
우유	100	500
노른자	18	90
설탕	25	125
박력분	10	50
럼	8	40

(2) 제조공정 (별립법)

1) 달걀을 흰자와 노른자로(흰자에 노른자가 섞이지 않도록 주의하여) 분리한다.

2) 그릇에 노른자를 넣고 거품기를 사용하여 골고루 풀어준 후 설탕(a)와 소금을 넣어 기포한 후 향을 첨가한다.

3) 믹서 볼에 흰자와 주석산 크림을 넣은 후 60% 정도로 기포한 후 설탕(b)를 조금씩 넣으면서 85% 정도의 머랭을 제조하여 2)에 1/3 정도의 머랭을 넣어 가볍게 혼합한다.

4) 박력분, 베이킹파우더를 체질한 후 3)에 넣고 골고루 혼합한다.

5) 나머지 2/3의 머랭을 넣고 혼합하며, 혼합 중 식용유를 넣어 기포가 꺼지지 않도록 조심하여 고루 섞어 반죽을 완료한다.

6) 팬닝 : 직경 6~8cm 정도의 반구형팬에 이형제를 바른 후 직경 2cm 정도의 원형 모양 깍지를 넣은 짤주머니를 사용하여 팬용·적의 70% 정도의 반죽을 짜넣는다.

7) 굽기 : 온도 185/160℃, 시간 15~20분

8) 마무리 공정

구워져 나온 제품의 측면이나 바닥에 인젝터나 짤주머니와 모양깍지를 사용하여 커스터드 크림을 주입하고 포장한 후 냉장 보관한다.

반죽 짜기

크림 충전

커피 넛 토르테
Coffee Nut Torte

(1) 배합표

A. 커피 스펀지 (Coffee Sponge)

재료	비율(%)	무게(g)
박력분	100	500
달걀	140	700
설탕	105	525
물엿	20	100
우유	38	190
버터	20	100
커피	3	15

B. 프랄린(Praline)

재료	비율(%)	무게(g)
설탕	100	300
물	20	60
아몬드 슬라이스	80	240

C. 커피 버터 크림(coffe Butter cream)

재료	비율(%)	무게(g)
버터 크림	100	1200
갈루아(커피술)	10	120
인스턴트 커피	2	24

D. 커피시럽(coffee Syrup)

재료	비율(%)	무게(g)
물	100	300
설탕	50	150
갈루아(커피술)	20	60

(2) 제조공정

A. 커피 스펀지 (공립법)

1) 달걀을 믹서 볼에 넣은 후 거품기를 사용하여 풀어주고 설탕을 넣고 기포한 후 저속으로 변속하여 기포를 균일하고 안정적으로 만든다.
2) 박력분을 체질한 후 1)에 넣고 가볍게 혼합한다.
3) 물에 인스턴트 커피를 녹인 후 식용유를 섞어 2)에 넣고 기포가 파괴되지 않도록 혼합한 후 반죽을 마친다.
4) 팬닝 : 원형팬에 종이를 깔고 팬용적의 60% 정도 반죽을 넣은 후 가벼운 충격을 가해 표면의 기포를 제거한 후 굽기를 한다.
5) 굽기 : 온도 180/160℃, 시간 20~25분

B. 프랄린 제조 (p.218참조)

C. 커피 버터 크림 제조

1) 커피술에 커피를 용해시킨 후 버터크림과 혼합하여 사용한다.

D. 커피시럽

1) 물에 설탕을 넣어 가열 한 후 끓어 오르면 불에서 내려놓는다.
2) 시럽을 40℃ 정도로 냉각시킨 후 커피술을 넣고 혼합한다.

마무리 공정

1) 냉각시킨 스펀지를 1.5cm 두께로 슬라이스하고, 자른 면에 시럽을 발라 크림으로 3장을 샌드하고 커피 버터크림을 사용하여 얇게 아이싱 한다.
2) 프랄린을 표면 전체에 묻힌다.
3) 제품의 표면에 원형 또는 별모양깍지 등으로 모양을 짜고 초콜릿 커피빈을 올려 장식한다.

프랄린 준비

크림 샌드

아이싱

프랄린 묻히기

오믈렛
Omelette

(1) 배합표

A. 스펀지 (Sponge)

재료	비율(%)	무게(g)
박력분	100	300
노른자	70	210
흰자	140	420
설탕(a)	60	180
설탕(b)	80	240
소금	1	3
향(바닐라)	0.5	1.5

B. 커스터드 크림 (Custard Cream)

재료	비율(%)	무게(g)
우유	100	500
설탕	16	80
노른자	15	75
박력분	4	20
콘스타치	4	20
향(바닐라)	0.2	1

C. 생크림 (Whipped Cream)

재료	비율(%)	무게(g)
생크림	100	500
설탕	8	40
브랜디	4	20

(2) 제조공정(별립법)

1) 달걀을 흰자와 노른자로 분리시킨다.

2) 그릇에 노른자를 넣고 거품기를 사용하여 골고루 풀어준 후 설탕(a)와 소금을 넣어 충분히 기포한 후 향을 첨가시킨다.

3) 다른 믹서 볼에 흰자를 넣고 거품기를 사용하여 60% 정도로 믹싱한 후 설탕(b)를 넣으면서 기포하여 80~90% 정도의 머랭을 만들어 2)에 1/3 정도의 머랭을 넣으면서 나무주걱을 이용하여 가볍게 혼합한다.

4) 박력분을 체질한 후 3)에 넣어 골고루 혼합한 후 나머지 2/3의 머랭을 넣어 가볍게 혼합한다.

5) 팬닝 : 평철판에 종이를 깐 후 짤주머니에 원형 모양깍지(ø1~1.2cm)을 끼우고 반죽을 넣어 직경 12~14cm의 원형으로 짠다.

6) 굽기 : 온도 220/150℃, 시간 6~8분

7) 마무리 공정

냉각시킨 스펀지의 종이를 떼어낸 후 바닥면을 위로 하여 나열시킨 다음 짤주머니에 커스터드 크림을 넣어 스펀지의 직경보다 2~3cm 정도 짧게 중앙부분에 한일자로 짠 후 물기를 제거한 과일을 넣고 다른 짤주머니에 생크림을 넣어 모양있게 짜고 반달형으로 덮는다. 과일 등을 표면에 올려 마무리한다.

오믈렛 짜기   크림 충전

27

브랜디 케이크
Brandy Cake

(1) 배합표

재료	비율(%)	무게(g)
달걀	250	750
설탕	100	300
소금	1	3
박력분	100	300
우유	15	45
버터	50	150

* 브랜디 시럽 (Brandy Syrup)

재료	비율(%)	무게(g)
설탕	60	180
물	100	300
브랜디	60	180
레몬즙	1	3

(2) 제조공정 (공립법)

1) 믹서 볼에 달걀을 넣고 거품기를 사용하여 골고루 풀어준 후 설탕, 소금을 넣어 기포한다. 기포의 정도는 반죽을 찍어 떨어뜨려 보았을때 일정한 간격을 유지하며 떨어지는 상태로 한다.

2) 박력분을 체로 쳐서 1)에 넣고 가볍게 혼합한다.

3) 우유와 용해 버터(50~60℃)를 넣고 골고루 혼합한다.

4) 팬닝 : 파운드형 팬 또는 직사각형태의 팬에 70% 정도의 반죽을 넣는다.

5) 굽기 : 온도 180/160℃, 시간 25~30분

* 브랜디시럽(Brandy Syrup)

① 물에 설탕을 넣어 가열하여 끓인다.
② 40℃ 정도로 냉각시킨 후 브랜디와 레몬즙을 넣어 혼합한다.

마무리 공정

1) 제품을 냉각시킨 후 종이를 떼어내고 같은 크기의 깨끗한 팬에 브랜디 시럽을 부어 넣고 제품의 윗

시럽 바르기

면이 시럽이 들어있는 팬 바닥에 마주 닿게 하여 냉장고에 약 1시간 정도 넣어 둔다.

2) 냉장고에서 꺼낸 제품을 재단하여 밀봉하여 포장한다.(18×7cm, 7×3cm)

28

비스퀴 아 라 퀴이예르
Biscuit à la cuillère

를 넣고 거품기를 사용하여 60% 정도로 기포한 후 설탕을 넣어 90% 정도의 머랭을 만든 다음 2)의 노른자를 넣어 가볍게 혼합한다.

4) 박력분을 체질한 후 3)에 넣고 기포 파괴에 주의하여 골고루 혼합하고 반죽을 마친다.

5) 팬닝 : 평철판에 종이를 깔고 짤주머니에 원형 모양깍지(직경 1cm)를 끼워 반죽을 넣은 후 직선 또는 사선 모양으로 맞대어 짜고 반죽의 표면에 분당을 골고루 뿌려 굽는다.

6) 굽기 : 온도 200/160℃, 시간 10~15분

응용 및 이용

① 반죽의 표면에 아몬드, 헤이즐넛, 피스타치오 등의 넛류를 뿌리거나 초콜릿 등을 커팅한 후 굽기를 할 수도 있다

② 밀가루의 일부를 코코아나 녹차가루 등으로 대체하여 반죽한 후 서로 다른 반죽을 교차하여 짜기를 할 수도 있다.

③ 비스퀴 아 라 퀴이예르는 각종 크림으로 샌드하여 롤케이크나 양과자의 밑면이나 테두리 등의 용도로 사용된다.

(1) 배합표

재료	비율(%)	무게(g)
달걀	160	480
설탕	100	300
향(바닐라)	0.5	1.5
박력분	100	300

(2) 제조공정 (별립법)

1) 달걀을 흰자와 노른자로 분리한다.

2) 노른자를 그릇에 넣고 거품기를 이용하여 골고루 풀어준다.(향 투입)

3) 다른 믹서 볼에 흰자

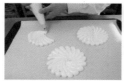

반죽 짜기

반죽 짜기

분당 뿌리기

29

모카 롤케이크
Mocha Roll Cake

(1) 배합표

재료	비율(%)	무게(g)
박력분	100	400
베이킹파우더	2	8
달걀	190	760
설탕	110	440
전화당	15	60
커피 베이스	10	40
물	15	60

* 마무리 재료 : 크로캉트

(2) 제조공정

1) 믹서 볼에 달걀을 풀어 준 후 설탕, 전화당을 넣어 기포한다.

2) 기포 마지막 단계에서 커피베이스와 물을 투입한다.

3) 박력분과 베이킹파우더를 체질한 후 2)에 넣고 가볍게 혼합한다.

4) 팬닝 : 평철판에 종이를 깔고 반죽을 부어 윗면을 평평하게 고른다.

5) 굽기

온도 210/150℃, 시간 12~15분

6) 마무리 공정

냉각시킨 스펀지에 버터크림을 샌드하고 말기한 후 표면에 버터크림을 얇게 바르고 크로캉트 등을 묻혀 마무리 한다.

30

카스텔라
Castella

(1) 배합표

재료	사용범위(%)	비율(%)	무게(g)
달걀	150~200	180	900
설탕	100~220	180	900
물엿	10~30	15	75
소금	1~2	1	5
향(바닐라)	0.5~1	0.5	2.5
박력분	100	100	500

(2) 제조공정(공립법)

1) 믹서 볼에 달걀을 넣고 풀어준 후 설탕, 소금, 물엿을 넣어 중탕하여 기포한 후 향을 첨가 시킨다(기포의 상태는 색상, 부피의 변화, 시간, 점도 등을 고려하여 판단한다).

2) 박력분을 체질한 후 1)에 넣어 밀가루 덩어리가 생기지 않도록 혼합하며 반죽의 상태는 손으로 반죽을 들어 올려 보아 흐름의 정도를 파악하여 적정 상태의 반죽을 완료시킨다.

3) 팬닝

① 철판에 종이를 여러장 덧대어 준 후 카스텔라 나무틀을 올려 놓고 위생종이를 재단하여 옆면 및 밑면에 깔아준다.

② 2)의 반죽을 팬에 가득 부어준 후 5~10분간 휴지를 준후 표면에 떠오른 기포들을 약간의 충격을 가해 제거한 후 굽기를 한다.

4) 굽기 온도 220/160℃ ⋯→ 180/160℃, 시간 50~60분

① 윗불을 강하게 예열한 오븐에 넣고 2~3분 경과 후 오븐에서 꺼내 표면에 물을 분무를 하고 나무주걱이나 스패튤러를 이용하여 반죽을 휘저어 준 다음 오븐에 다시 넣는 같은 동작을 2~3회정도 반복 실시하여 반죽의 표면을 고르게 하고 온도를 균일하게 만들어준다.

② 휘젓기가 끝난 반죽을 오븐에 넣어 표면에 카스텔라 고유의 색이 나면 오븐에서 꺼내어 스패튤러를 이용하여 옆면을 긁어주고 난 후 나무틀을 올려주고 윗면에 철판을 덮은 후 오븐에 넣고 오븐온도를 낮추어 굽기를 한다.

5) 마무리 공정 : 나무판에 종이를 깔고 식용유를 얇게 바른 후 카스텔라를 뒤집어 나무틀을 빼고 냉각시켜 자르기를 한 후 포장한다(한일자 형태의 망에 표피 쪽을 올려놓고 냉각시킨 후 재단하여 표면에 줄무늬를 만들기도 한다).

기포 상태

반죽 넣기

팬닝

휘젓기

슈발츠 발더 토르테
Schwarz-Walder Torte

(1) 배합표

초콜릿 스펀지 (Chocolate Sponge)

재료	비율(%)	무게(g)
박력분	100	500
코코아	20	100
달걀	300	1500
설탕	165	825
버터	20	100
우유	15	75

생크림 (Fresh Cream)

재료	비율(%)	무게(g)
생크림	100	800
설탕	8	64
키어시(체리 리큐르)	4	32

* 다크초콜릿, 다크사워체리

(2) 제조공정 (공립법)

1) 믹서 볼에 달걀을 풀어준 후 설탕을 넣어 기포한다.

2) 박력분과 코코아를 골고루 혼합하여 체질한 후 1)에 넣어 가볍게 혼합한다.

3) 우유에 버터를 넣어 용해시킨 후 2)에 넣고 기포가 꺼지지 않게 주의하여 골고루 혼합하여 반죽을 마친다.

4) 팬닝 : 준비된 원형 팬에 종이를 깔은 후 팬용적 60% 정도의 반죽을 넣는다.

5) 굽기 : 온도 180/160℃, 시간 20~25분

마무리 공정

1) 냉각시킨 초코스펀지를 3단으로 슬라이스 한다.

2) 초코스펀지 위에 생크림을 바르고 체리를 올린 후 샌드하여 아이싱 한다.

3) 다크초콜릿을 커팅하여 제품 윗면에 올려주고 생크림을 짠 후에 다크체리를 올려 마무리 한다.

크림 샌드

아이싱

초콜릿 커팅

32

생크림 쌀 카스텔라
Fresh Cream Rice Castella

(1) 배합표

재료	비율(%)	무게(g)
달걀	110	550
설탕	105	525
소금	1	5
생크림	65	325
강력 쌀가루	60	300
박력 쌀가루	40	200
베이킹파우더	3	15
버터	35	175
청주	18	90

(2) 제조공정

1) 믹서 볼에 달걀, 설탕, 소금을 넣어 기포한다.

2) 생크림을 50~60% 정도 기포한 후 1)에 1/2을 넣고 혼합한다.

3) 강력, 박력쌀가루와 베이킹파우더를 체질한 후 2)에 넣고 매끄럽고 윤기있게 골고루 혼합한다.

4) 용해 버터와 청주를 혼합하여 3)에 넣고 혼합한다.

5) 나머지 1/2의 생크림을 4)에 넣고 가볍게 혼합한다.

6) 팬닝 : 원형팬에 종이를 깐 후 팬용적의 60~70% 정도의 반죽을 넣는다.

7) 굽기 : 온도 180/160℃, 시간 20~25분

Cookies

쿠키

일반사항

　비스킷은 프랑스의 비스퀴(Biscuit) 즉, 두 번 굽는다는 의미의 언어에서 유래된 것이라 하나 현재 프랑스에서의 비스퀴는 스펀지 계통의 과자를 지칭하며, 쿠키 모양의 것들을 프티 푸르 세크(Petits fours secs)이란 다른 이름으로 불리우고 있다. 미국의 비스킷(Biscuit)은 머핀 케이크와 빵의 중간 형태의 것을 지칭하며 설탕과 유지를 비교적 많이 사용하여 납작하게 구워낸 것들을 쿠키라 하고 영국에서는 모든 쿠키 종류를 비스킷이라 부르고 있다. 독일에서는 차와 같이 먹는다는 뜻의 테 게백(Tee Gebäk)이라고 부르며 동양에서는 유지나 설탕 함량이 다소 많은 제품을 쿠키라 부르고 있다. 비스킷이란 옛날 비스키만에서 선원들을 위한 보존식인 건빵으로 개발되었던 것이라고 전해지고 있으며 장기 보존을 위하여 지방 함유량을 최소로 하여 만들어졌다고 한다. 그 반면 쿠키는 과자로서의 보존성보다 맛에 중점을 두고 만들었기 때문에 버터 함유량이 많다.

　노르만 지방이 발생지라고 전해진 사블레(Sablé)는 프랑스어의 사브르 '모래 (Sable)'에서 나오게 된 말로써 모래와 같이 푸석푸석한 반죽으로 만든 과자이다.

(1) 기본배합

1) 유지와 설탕의 비율이 같은 반죽

밀가루   100%

설탕   50%

유지   50%

프랑스 : Pâte de milan

독일 : Mailänderhiteing

이태리 밀라노풍의 반죽이라고 불리우며 표준적인 반죽이다.

2) 설탕보다 유지 비율이 높은 반죽

밀가루   100%

설탕   33%

유지   66%

미국 : short dough, short bread

프랑스 : pâte sablé

독일 : mürbteig

설탕보다 유지 함량이 많은 반죽은 구운 후에도 모래와 같이 푸석푸석하게 부스러지기가 쉽다.

3) 유지보다 설탕 비율이 높은 반죽

밀가루   100%

설탕   66%

유지   33%

미국 : sugar dough

프랑스 : pâte sucrée

독일 : zuckerteig

유지보다 설탕 함량이 많은 반죽은 구운 후에도 약간 딱딱하게 된다.

(2) 제법에 따른 분류

1) 절단 형태의 쿠키 (Cut-Out Cookies)

① 밀어펴기 형태 (Sheeting roll type)

　반죽형 쿠키 반죽을 제조하여 밀대로 밀어편 후 각종 성형기를 사용하여 반죽을 찍어내어 철판에 옮긴 후 굽는 형태의 쿠키이며 다른 쿠키에 비하여 액체재료가 적은 편이다.

　소량의 덧가루를 뿌리면서 같은 두께로 밀어펴는 것이 중요하며 밀대로 밀어펴는 기술이 요구된다. 밀어펴기를 쉽게하는 방법은 원하는 쿠키 두께에 맞추어 베니어 판(폭2~2.5cm)을 길게 만들어서 양쪽으로 벌려놓고 그사이에 반죽을 놓고 일정한 두께로 밀어펴는 것이다.

② 냉동형태 (Ice box type)

　반죽형 쿠키 반죽을 성형하여 냉동시키는 것으로 냉동시키지 않으면 작업하기가 곤란하며 유지 함량이 많은 반죽을 이 방법으로 만들며 냉동고에서 꺼내면 즉시 작업하는 것이 좋다.

2) 짜는 형태의 쿠키 (Bagged-Out Cookies)

　반죽형 또는 거품형 쿠키반죽을 제조하여 짤주머니에 반죽을 넣고 철판 위에 짜서 굽는 쿠키이며, 이 때 짤주머니에 반죽을 너무 많이 넣으면 손의 열로 인하여 물러지기 쉬우므로 주의하여야 한다. 짜는 간격이나 크기를 균일하게 하는 것이 중요하다.

3) 손으로 만드는 쿠키 (Hand Making Type Cookies)

　반죽형 쿠키반죽을 제조하여 손으로 성형하여 만드는 쿠키로 구슬형, 스틱형, 프레첼형 등이 있다.

4) 판에 등사하는 쿠키 (Stencil Type Cookies)

　여기에 사용하는 반죽은 묽은 상태의 것으로 얇은 틀을 철판에 올려놓고 스패튤러를 사용하여 철판 윗면에 흘려서 만든 것으로 대단히 얇고 바삭바삭한 쿠키가 된다. 이것은 두 개를 1조로 아이스 크림, 가나슈, 버터크림 등으로 샌드를 하거나 담배 형태로 말기를 하여 충전하기도 한다. 당분이 많고 흡습성이 높으므로 보존에 주의하지 않으면 본래의 바삭바삭한 특징이 없어진다.

5) 마카롱 (Macaron)

　마카롱은 아몬드의 주산지인 지중해 연안의 나라(특히 이탈리아)에서 설탕이 보급되기 이전부터 꿀, 아몬드, 달걀 흰자를 사용하여 만들고 있었다. 만드는 방법은 그다지 복잡하지 않기 때문에 일찍부터 대량으로 생산되었다고 한다.

　마카롱은 딱딱한 견과류(아몬드, 개암, 코코넛)에 설탕과 달걀흰자, 때로는 달걀 노른자 소량과 코코아, 초콜릿 등을 넣어 만든다. 향을 내기 위하여 계피가루, 바닐라 향, 넛메그, 레몬 표피 갈은 것 등을 첨가하기도 한다.

　마카롱은 아몬드와 설탕을 혼합한 다음 흰자를 넣고 가열하는 것이 기본이며, 설탕 사용은 아몬드의 3배까지 사용할수 있으나 아몬드와 같은 양으로부터 2배 가량이 적당하다.

(3) 일반 쿠키의 결점과 원인

결점 / 원인	퍼짐성이 과다	부서지기 쉽다	거칠다	딱딱하다	건조하다	껍질색 부족	향 부족	팬에 달라붙음	껍질에 (설탕)반점	퍼짐성 부족
부적절한 믹싱	X	X	X					X	X	X
부족한 설탕			X			X				X
과다한 설탕	X	X	X					X	X	
강한 밀가루			X	X	X					X
과다한 밀가루			X		X	X				
부족한 팽창제										X
과다한 팽창제		X				X			X	
부족한 소다										X
과다한 소다	X									
부족한 쇼트닝				X	X					
과다한 쇼트닝		X								
오래 구움				X	X					
낮은 오븐 온도	X			X	X	X				
높은 오븐 온도										X
기름칠 불량								X		X
진 반죽	X									
부족한 수분량				X	X					
저율 배합							X			
불균형한 배합률						X	X			
팬이 평평하지 않고 불결함								X	X	

쇼트브레드 쿠키
Shortbread Cookies

(1) 배합표와 믹싱공정

재료	비율(%)	무게(g)
박력분	100	600
버터	33	198
쇼트닝	33	198
설탕	35	210
소금	1	6
물엿	5	30
달걀	10	60
노른자	10	60
바닐라 향	0.5	3

※여러 가지 성형

① 정식한 후 구워내는 방법

달걀노른자를 칠한 후
포크로 줄무늬를 만든다.

설탕을 묻힌다.

손가락으로 눌러준 후
살구잼을 짜 넣는다.

② 구워낸 후 장식하는 방법

가나슈를 짜 넣은 후
볶은 호두 또는 피칸을
올려놓는다.

초콜릿 칩을 올려놓고
눌러준다.

잘게 부순
견과류를 묻힌다.

코코넛을 묻힌다.

초콜릿으로 코팅한다.

(2) 제조공정(크림법 : Creaming method)

1) 버터와 쇼트닝을 부드럽게 한 다음 설탕, 물엿, 소금을 넣고 크림상태로 만든다.

※ 이 공정은 겨울에 특히 주의할 공정으로 버터와 쇼트닝의 경도가 같을 경우에는 함께 섞고, 다를 경우는 경도가 높은 것부터 유연하게 만든 후 섞는다.

※ 실내 온도가 낮은 경우에는 그릇에 더운물을 받쳐 크림상태로 만든다.

2) 노른자와 달걀을 혼합하여 조금씩 넣으면서 믹싱해 부드럽게 만든 후 바닐라 향을 넣어 섞는다.

3) 체 친 밀가루를 ②와 혼합해 반죽을 한 덩어리로 만든 다음 냉장고에서 20~30분간 휴지를 시킨다.

※ 손가락으로 살짝 눌렀을 때 자국이 그대로 남으면 휴지를 끝낸다.

4) 밀어 펴기 쉽도록 반죽을 2개로 나눈 다음 0.5~0.7cm 두께로 균일하게 밀어 편다.

5) 시험장에서 제시된 정형기를 이용해 반죽을 찍어낸다.

6) 철판에 상하좌우 간격을 2.5cm씩 맞춰 팬닝한다.

7) 윗면에 노른자를 2회 바르고 요구사항이 있을 경우 포크로 무늬를 낸다.

8) 윗불 210℃, 아랫불 150℃ 오븐에서 15~18분간 황금갈색이 날 때까지 굽는다.

〈그림 1〉

휴지가 완료된 반죽을
0.4~0.7cm 두께로 밀어편다.

〈그림 2〉

성형기에 덧가루를
가끔 묻혀가면서 찍어낸다.

〈그림 3〉

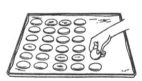

성형한 반죽과
반죽의 간격은 2.5cm정도

반죽

밀어 펴기

찍어 내기

무늬 내기

아몬드 링 쿠키
Almond Ring Cookies

2) 달걀을 1)에 소량씩 나누어 넣으면서 크림 상태로 만들고 향을 첨가시킨다.

3) 아몬드 분말과 밀가루를 2)에 넣고 가볍게 혼합하여 한 덩어리로 만든다.

4) 냉장고에 넣어 20~30분간 휴지시킨다.

5) 성형 및 팬닝

휴지가 완료된 반죽을 0.4cm 두께로 밀어 편 후 직경 7cm 크기의 국화형 정형기로 찍어낸 후 반죽 가운데를 직경 2.5cm 크기의 원형 정형기로 다시 찍어내어 철판에 간격을 유지하며 배열한다.

6) 굽기 : 온도 190/160℃, 시간 12~15분

> * 냉각 후 링 모양은 초콜릿 코팅을 하고 절반은 아몬드를 묻혀 마무리한다.
> 원형은 그대로 포장한다.

(1) 배합표

재료	비율(%)	무게(g)
버터	60	360
설탕	60	360
소금	1	6
달걀	15	90
(향)바닐라	0.5	3
아몬드 분말	25	150
박력분	100	600

* 마무리 재료 : 스위트 초콜릿, 볶은 아몬드

(2) 제조공정

1) 볼에 버터를 넣고 거품기로 유연하게 만든 후 설탕과 소금을 넣어 믹싱한다.

밀어 펴기

커팅

가운데 커팅

아몬드 토핑

코코넛 쿠키
Coconut Cookies

(1) 배합표

재료	비율(%)	무게(g)
버터	45	225
쇼트닝	25	125
분당	40	200
소금	1	5
달걀	6	30
코코넛 분말	20	100
박력분	100	500
베이킹파우더	0.5	2.5

(2) 제조공정

1) 믹서 볼에 버터와 쇼트닝을 넣고 거품기를 사용하여 유연하게 만든 후 분당, 소금을 넣어 믹싱한다.

2) 달걀을 1)에 조금씩 넣으면서 믹싱하여 부드러운 크림상태로 만든다.

3) 코코넛 분말을 2)에 넣고 골고루 섞어준 후 박력분과 베이킹파우더를 체로 쳐서 넣고 가볍게 혼합한다. 반죽을 한 덩어리로 만든 후 냉장고에 넣어 30분 정도 휴지를 시킨다.

4) 성형 및 팬닝 : 휴지가 완료된 반죽을 두께 0.4cm 정도로 밀어 편 후 가로 4cm, 세로 7cm 크기의 직사각형으로 절단하여 철판에 배열시킨다.

5) 굽기 : 온도 190/160℃, 시간 12~15분

반죽 재단   팬닝

갈레트 브르통
Galette Bretonne

(2) 제조공정

1) 볼에 버터와 분당을 넣어 유연하게 만든다.

2) 노른자, 소금, 럼을 섞어준 후 1)에 2~3회 정도 나누어 투입하면서 혼합한다.

3) 박력분과 아몬드 분말을 체질한 후 2)에 넣고 가볍게 혼합한 후 비닐 등으로 감싸 냉장 휴지한다.

4) 휴지가 완료된 반죽을 두께 1cm 정도로 밀어 편 후 원형 커터로 찍어낸다.

5) 찍어낸 제품의 윗면에 노른자를 바르고 포크 등을 이용하여 무늬를 낸 후 갈레트형 팬에 넣고 굽기를 한다.

6) 굽기 : 온도 180/150℃, 시간 20~25분

(1) 배합표

재료	비율(%)	무게(g)
버터	100	500
분당	60	300
소금	1	5
노른자	15	75
럼	1.5	7.5
박력분	100	500
아몬드 분말	20	100

반죽 커팅

팬닝

노른자 칠

무늬 내기

호두쿠키
Walnut Cookie

(2) 제조공정

1) 믹서 볼에 버터를 넣고 거품기를 사용하여 유연하게 만든 후 설탕과 소금을 넣어 믹싱한다.

2) 달걀 노른자를 1)에 조금씩 넣으면서 믹싱하여 부드러운 크림상태로 만든다.

3) 밀가루를 체로 치고 잘게 다진 호두와 함께 2)에 넣고 골고루 혼합한다.

4) 냉장고에서 20~30분 정도 휴지시킨다.

5) 성형 및 팬닝

①휴지가 끝난 반죽을 꺼내어 직경 3~5cm 크기의 원기둥 모양으로 만든 후 유산지로 말아서 냉동고에 넣어 굳힌다.

②굳힌 반죽을 0.5cm 두께로 잘라 철판 위에 배열한다.

6) 굽기 : 온도 190/160℃, 시간 12~14분

(1) 배합표

재료	비율(%)	무게(g)
버터	50	200
설탕	50	200
소금	1	4
노른자	20	48
박력분	100	400
호두 (살짝 볶은 것)	45	180

반죽 제조

정형

자르기

팬닝

06

건포도 쿠키
Raisin Cookies

(1) 배합표

재료	비율(%)	무게(g)
중력분	100	500
B. P.	0.5	2.5
버터	20	100
마가린	25	125
쇼트닝	25	125
설탕	32	160
달걀	10	50

* 마무리 재료 : 버터크림, 건포도

(2) 제조공정 (크림법 : Creaming Method)

1) 볼에 유지를 넣고 유연하게 만든 후 설탕을 넣어 크림화시킨다.

2) 달걀을 풀어 1)에 나누어 투입한 후 크림을 완료한다.

3) 체로친 밀가루와 베이킹파우더를 2)에 넣고 나무주걱 등을 이용하여 혼합한 후 냉장 휴지 시킨다.

4) 휴지 완료된 반죽을 가볍게 치댄 후 두께 0.5~0.7cm 정도로 밀어편 후 직사각형 커터로 찍어내고 팬닝한다.

5) 제품의 표면에 노른자를 칠한 후 아몬드 슬라이스를 올려 굽기를 한다.

6) 굽기 : 온도 185/150℃, 시간 15~20분

7) 마무리 공정

냉각시킨 제품의 밑면에 버터크림을 바르고 럼에 절인 건포도를 올린 후 나머지 쿠키를 덮어 샌드한다.

반죽 재단

노른자 칠

아몬드 올리기

버터 쿠키
Butter Cookie

(1) 배합표

재료	비율(%)	무게(g)
박력분	100	400
버터	70	280
설탕	50	200
소금	1	4
달걀	30	120
바닐라 향	0.5	2

(2) 제조공정 (크림법 : Creaming Method)

1) 볼에 버터를 넣고 거품기로 부드럽게 풀어준다.

2) ①에 설탕과 소금을 넣어 섞은 다음 달걀을 조금씩 넣으면서 부드러운 크림을 만든다.

3) ②에 바닐라 향을 넣는다.

4) 체 친 박력분을 넣고 가볍게 섞는다(반죽온도 22℃).

※ 일반 케이크 반죽의 90% 정도만 혼합한다.

5) 평철판에 별모양 깍지를 넣은 짤주머니를 이용, 3cm 간격을 띄우면서 S자 모양으로 로제트 (장미봉오리) 모양으로 짠다.

6) 윗불 190~200℃, 아랫불 150℃의 오븐에서 10~12분 정도 굽는다.

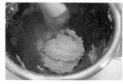
반죽 제조

반죽 넣기

반죽 짜기

02

오렌지 쿠키
Orange Cookie

(1) 배합표

재료	사용범위(%)	%	g
버터	30~80	35	175
쇼트닝		20	100
설탕	30~80	35	175
분당		15	75
소금	0.5~2	1	5
달걀	10~50	40	200
오렌지 향	0.5~1	0.6	3
박력분	100	100	500
탈지분유	0~8	3	15

(2) 제조공정 (Creaming Method)

1) 믹서 볼에 버터와 쇼트닝을 넣고 거품기를 사용하여 유연하게 만든 후 설탕, 분당, 소금을 넣어 믹싱한다.

2) 달걀을 1)에 조금씩 넣으면서 믹싱하여 부드러운 크림상태로 만든 후 향을 첨가시켜 골고루 혼합한다.

> * 많은 양의 달걀을 일시에 투입하면 달걀에 함유된 다량의 액체 때문에 크림이 분리되기 쉽다.
> * 크림이 분리되면 밀가루를 혼합할 때 더 많은 믹싱이 필요하므로 반죽에 끈기가 생겨 최종 제품은 딱딱하고 부피도 작아진다.

3) 밀가루와 탈지분유를 혼합하여 체로 쳐서 2)에 넣고 가볍게 혼합한다.

> * 밀가루 혼합은 일반 케이크반죽에 비해 80~90% 정도가 적당하다. 짤주머니에서도 압력을 받기 때문에 다소 부족한 상태로 혼합하는 것이 좋다.

4) 성형 및 팬닝 : 짤주머니에 모양깍지를 끼우고 반죽을 넣어 기름칠을 얇게 한 철판 위에 일정한 간격을 유지하며 짜기를 한다.

> * 가능한 한 같은 두께로 짜기를 한다.
> * 너무 두꺼운 경우 쿠키가 잘 익지 않고 바삭바삭한 쿠키로 되지 않는다.
> * 반죽의 두께는 껍질색에 영향을 끼치므로 일정한 두께와 일정한 간격을 유지하며 짜기를 한다.
> * 코팅이 된 철판을 이용하거나 쿠킹페이퍼, 실리콘 페드 등을 사용하는 것이 좋다. 팬에 기름칠이 과다하면 제품이 너무 많이 퍼질 우려가 있다.

5) 굽기 : 온도 190/160℃, 시간 10~12분

03

누가 쿠키
Nougat Cookie

(1) 배합표

A. 쿠키(Cookie)

재료	비율(%)	무게(g)
버터	65	130
분당	65	130
흰자	35	70
박력분	100	200

B. 누가(Nougat)

재료	비율(%)	무게(g)
버터	100	100
설탕	80	80
물엿	55	55
꿀	25	25
아몬드 슬라이스	100	100

(2) 제조공정

A. 쿠키(Cookie)

1) 그릇에 버터를 넣어 유연하게 만든 후 분당을 넣어 기포한다.

2) 1)에 흰자를 나누어 투입하여 크림을 완료한다.

3) 체질한 박력분을 2)에 넣어 매끄럽게 혼합하여 반죽을 완료한다.

B. 누가 (Nougat)

1) 손잡이 냄비에 버터, 물엿, 꿀, 설탕을 넣어 연한 갈색으로 끓여 준다.

2) 1)에 아몬드를 넣어 혼합한다.

마무리 공정

1) A의 쿠키반죽을 별모양 깍지를 끼운 짤주머니에 넣고 평철판 또는 실리콘 패드 위에 직경 4~5cm 크기의 원형으로 짠다.

2) B의 누가반죽을 1)의 쿠키 중앙부분에 넣어 준다.

3) 굽기 : 온도 180/150℃, 시간 12~15분

팬 준비

반죽 짜기

누가 만들기

누가 넣기

사블레 바리에
Sablé varié

(1) 배합표

재료	비율(%)	무게(g)
박력분	100	500
버터	60	300
분당	30	150
생크림	42	210

(2) 제조공정(Creaming Method)

1) 버터를 유연하게 만든 후 분당을 넣어 기포한다.

2) 1)을 기포하는 도중 생크림을 조금씩 나누어 투입하여 크림을 만든다.

3) 박력분을 체로 친 후 2)에 넣고 가볍게 혼합하여 반죽을 완료한다.

4) 짤주머니에 별 모양깍지를 끼운 후 반죽을 넣어 철판에 짠다.

5) 굽기 : 온도 180/150℃ 시간 12~15분

분당 투입

생크림 투입

반죽 짜기

체리 올리기

브라운슈거 쿠키
Brown Sugar Cookie

(1) 배합표

재료	비율(%)	무게(g)
버터	40	120
쇼트닝	20	60
황설탕	66	198
소금	1	3
달걀	11	33
향(바닐라)	0.4	1.2
소다	1	3
물	3	9
박력분	100	300
초콜릿 칩	20	60
호두	35	105

(2) 제조공정

1) 믹서 볼에 버터와 쇼트닝을 넣고 거품기를 사용하여 유연하게 만든 후 황설탕과 소금을 넣어 믹싱한다.

2) 달걀을 1)에 조금씩 넣으면서 믹싱하여 부드러운 크림상태로 만들고 향과 물에 녹인 소다를 첨가하고 골고루 혼합한다.

3) 밀가루를 체로 치고 초콜릿 칩과 잘게 쪼갠 호두를 함께 2)에 넣고 균일하게 혼합한다.

4) 성형 및 팬닝 : 짤주머니에 직경 1cm 정도의 원형 모양깍지를 끼우고 반죽을 넣어 간격을 유지하며 직경 2.5cm 정도의 크기로 짠다.

5) 굽기 : 온도 200/160℃, 시간 15~17분

반죽 제조

반죽 짜기

06

초콜릿 호두 쿠키
Chocolate Walnut Cookie

(1) 배합표

재료	비율(%)	무게(g)
버터	50	200
쇼트닝	20	80
설탕	35	140
소금	1	4
흰자	20	80
향(바닐라)	1	4
초콜릿(용해)	25	100
박력분	100	400
호두(볶은 것)	45	180

(2) 제조공정 (Creaming Method)

1) 믹서 볼에 버터와 쇼트닝을 넣고 거품기를 사용하여 유연하게 만든 후 설탕과 소금을 넣어 믹싱한다.

2) 달걀 흰자를 1)에 조금씩 넣으면서 믹싱하여 부드러운 크림상태로 만들고 향을 첨가하고 골고루 혼합한다.

3) 녹인 초콜릿을 2)에 넣고 골고루 혼합한다.

4) 밀가루를 체로 치고 잘게 쪼갠 호두와 함께 3)에 넣고 균일하게 혼합한다.

5) 성형 및 팬닝 : 짤주머니에 직경 1cm 정도의 원형 모양깍지를 끼우고 반죽을 넣어 간격을 유지하며 직경 2.5cm 정도의 크기로 짠다.

6) 굽기 : 온도 190/160℃, 시간 13~15분

반죽 제조

반죽 짜기

핑거 쿠키
Finger Cookie

2) 밀가루와 탈지분유를 체로 쳐서 1)에 넣고 가볍게 혼한한 후 5분 정도 휴지시킨다.

3) 성형 및 팬닝 : 짤주머니에 직경 1cm 정도 크기의 원형 모양깍지를 끼우고 반죽을 넣어 종이를 깔은 철판 위에 간격을 유지하며 손가락 모양으로 짠다.

4) 짜기를 마친 반죽 윗면에 설탕을 골고루 뿌려준 후 80℃ 오븐에 넣거나 건조실을 이용하여 표피를 건조시키고 칼 등을 이용하여 표피를 일자형으로 길게 터트린다.

5) 굽기 : 온도 180/150℃, 시간 10~15분

6) 마무리 공정

제품의 색깔이 너무 진하지 않게 구워서 냉각시키고, 종이 밑면에 물칠을 하여 종이를 떼어낸다. 가나슈 또는 시원한 맛이 나는 버터크림으로 2개를 마주 붙인다.

(1) 배합표

재료	비율(%)	무게(g)
전란	75	300
설탕	90	360
소금	2	8
향(바닐라)	0.5	2
박력분	100	400
탈지분유	2	8

> *** 버터크림**
> 버터 또는 쇼트닝=100%, 포도당=80%,
> 연유=10%, 브랜디=5%
> 유지를 유연하게 하고 포도당을 조금씩 넣으면서
> 크림을 만들고 연유와 술을 첨가한다.

(2) 제조공정

1) 믹서 볼에 달걀을 넣고 거품기를 사용하여 골고루 풀어준 후 설탕, 소금을 넣어 믹싱하고 향을 첨가시킨다.

반죽 짜기

설탕 묻히기

터트리기

08

아몬드 스냅 쿠키
Almond Snap Cookie

(2) 제조공정(Creaming Method)

1) 볼에 버터를 유연하게 만든 후 설탕을 넣어 기포한다.

2) 달걀을 조금씩 넣으면서 기포한다.

3) 우유에 소금을 넣어 용해시킨 후 2)에 넣고 혼합한다.

4) 쌀가루와 아몬드 분말을 체질하여 3)에 넣고 가볍게 혼합한다.

5) 팬닝

①짤주머니에 직경 0.7㎝ 정도의 원형 모양깍지를 끼운 후 반죽을 넣어 준비된 철판에 7cm 정도의 길이로 짜준다.

②아몬드 슬라이스를 뿌려준 후 굽기한다.

6) 굽기 : 온도 180/150℃, 시간 15~20분

(1) 배합표

재료	비율(%)	무게(g)
버터	55	220
설탕	100	400
달걀	50	200
우유	25	100
소금	1	4
박력 쌀가루	100	400
아몬드 분말	10	40

반죽 혼합

반죽 짜기

아몬드 토핑

아몬드 쿠키
almond cookie

(1) 배합표

재료	비율(%)	무게(g)
버터	80	400
분당	55	275
소금	1	5
노른자	10	50
레몬 껍질	0.2	1
박력분	100	500
코코아	15	75
아몬드 슬라이스	35	175

(2) 제조공정

1) 믹서 볼에 버터를 넣고 거품기를 사용하여 유연하게 만든 후 분당과 소금을 넣어 믹싱한다.

2) 달걀 노른자를 1)에 조금씩 넣으면서 믹싱하여 부드러운 크림상태로 만들고 레몬 껍질을 첨가하고 골고루 혼합한다.

3) 밀가루와 코코아를 체로 치고 1/3을 2)에 넣고 가볍게 혼합한다. 동시에 살짝 볶은 아몬드 슬라이스를 반죽에 넣어 골고루 섞는다.

4) 나머지 밀가루를 3)에 넣고 혼합한 후 냉장고에서 20~30분 정도 휴지시킨다.

5) 성형 및 팬닝

①휴지가 끝난 반죽을 꺼내어 가로 7cm×세로 1.5cm 크기의 직사각형 막대 모양으로 만든 후 유산지로 말아서 냉동고에 넣어 굳힌다.

> * 성형할 때 반죽 속에 공간이 생기지 않도록 주의한다.

②굳힌 반죽을 0.6cm 두께로 잘라 철판 위에 배열한다.

6) 굽기 : 온도 180/150℃, 시간 12~15분

정형

유산지 싸기

절단하기

팬닝

모자이크 쿠키
Mosaic Cookie

(1) 배합표

A. 바닐라 반죽

재료	비율(%)	무게(g)
버터	55	275
분당	40	200
소금	1	5
레몬껍질	0.6	3
노른자	10	50
향(바닐라)	0.4	2
박력분	100	500
베이킹파우더	0.6	3

B. 코코아 반죽

재료	비율(%)	무게(g)
버터	55	275
분당	40	200
소금	1	5
노른자	10	50
향(바닐라)	0.4	2
우유	6	30
코코아	6	30
박력분	100	500
베이킹파우더	0.6	3

(2) 제조공정

A. 바닐라 반죽

1) 믹서 볼에 버터를 넣고 거품기를 사용하여 유연하게 만든 후 분당과 소금을 넣어 믹싱한다.

2) 달걀 노른자를 1)에 조금씩 넣으면서 믹싱하여 부드러운 크림상태로 만들고 레몬껍질 갈은 것과 향을 넣는다.

3) 밀가루와 베이킹파우더를 체로 쳐서 2)에 넣고 균일하게 혼합하여 한 덩어리를 만든다. 냉장고에서 20~30분간 휴지시킨다.

4) 성형 및 팬닝 : 반죽의 휴지가 끝나면 200g씩 2개의 덩어리로 분할하여 손으로 약간 치댄 후에 20cm 길이의 원기둥 모양 또는 정사각기둥 모양으로 만든다. 유산지로 말아 냉동고에서 굳힌다.

B. 코코아 반죽

1) 바닐라 반죽과 동일한 방법으로 제조하고 냉장고에서 20~30분간 휴지시킨다.

2) 성형 및 팬닝 : 반죽의 휴지가 끝나면 200g

씩 2개의 덩어리로 분할하여 손으로 약간 치댄 후에 20cm 길이의 원기둥 모양 또는 정사각기둥 모양으로 만든다. 유산지로 말아 냉동고에서 굳힌다. 코코아 반죽은 바닐라 반죽과 되기가 같아야 한다.

C. 마무리 공정

모양 ①

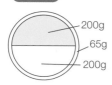

1) 원기둥 모양의 바닐라 반죽과 코코아 반죽을 날카로운 칼을 사용하여 2등분하여 반 원통 모양을 만든다.

2) 절단한 부위에 물 또는 흰자를 얇게 바른 후 바닐라와 코코아 반죽을 붙여 다시 원기둥 모양으로 만든다.

3) 바닐라 또는 코코아 반죽 중 택일하여 150g을 분할하여 직사각형(15×13cm)으로 얇게 밀어 편 후 물을 칠하고 2)의 원기둥(바닐라 + 코코아 반죽)을 감싼다.

4) 성형한 반죽을 유산지로 말아서 냉동고에 넣고 굳힌다.

5) 반죽이 적당히 굳으면 냉동고에서 꺼내어 0.5~0.7cm 두께로 자른 후 철판 위에 간격을 유지하여 배열한다.

> * 너무 단단하게 굳었을 때 자르면 부서지는 경우가 생긴다. 이때는 실온에 잠시 두었다가 절단하면 된다.

6) 굽기 : 온도 185/160℃, 시간 13~17분

모양 ②

1) 정사각 기둥 형태의 바닐라 반죽과 코코아 반죽을 사용하

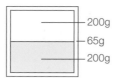

여 (모양 ②)와 같은 방법으로 만든다.

모양 ③

2) (모양 ①)의 원기둥 모양을 다시 2등분 하여 바닐라 반죽과 코코아 반죽을 엇갈리게 접착하여 만든다.

모양 ④

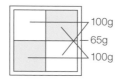

(모양 ②)의 정사각 기둥 모양을 다시 2등분하여 (모양 ③)과 같은 방법으로 만든다.

여러 가지 모양을 만들고 남은 반죽은 적당히 섞어서 마블(marble) 형태의 쿠키를 만든다.

바닐라 반죽+코코아 반죽

절단하기

붙이기

냉동

감싸기

절단하기

03

치즈 롤리 폴리
Cheese Roly Poly

기를 사용하여 유연하게 만든 후 분당과 소금을 넣어 믹싱한다.

2) 달걀을 1)에 조금씩 넣으면서 믹싱하여 부드러운 크림상태로 만들고 향을 첨가하여 골고루 혼합한다.

3) 밀가루와 콘스타치를 체로 치고 2)에 넣고 80% 정도로 혼합한다.

4) 성형 및 팬닝

①반죽의 1/4을 떼어내어 분말 치즈와 계피가루를 넣고 손으로 가볍게 치대면서 한 덩어리로 만들어 냉장고에서 휴지를 시킨다.

②나머지 반죽 3/4도 가볍게 치대면서 덩어리로 만들어 냉장고에서 휴지시키고 직경 4cm의 원기둥 모양으로 만든다.

③치즈 분말과 계피가루 반죽 ①을 꺼내어 ②의 원기둥 반죽을 감쌀 수 있을 정도로 얇게 밀어 편 후 원기둥을 올려놓고 감싼다.

④성형된 반죽을 유산지로 말아서 냉동고에 넣고 굳힌다.

⑤굳힌 반죽을 꺼내어 두께 0.6cm로 자른 후 철판 위에 배열한다.

5) 굽기 : 온도 190/160℃, 시간 12~15분

(1) 배합표

재료	비율(%)	무게(g)
버터	60	240
쇼트닝	30	120
분당	45	180
소금	1	4
달걀	18	72
향(바닐라)	1	4
박력분	100	400
콘스타치	25	100
분말 치즈	15	60
계피가루	2	8

(2) 제조공정

1) 믹서 볼에 버터, 쇼트닝을 넣고 거품

정형

절단하기

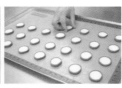

팬닝

04

노르망디 사블레
Normandy Sablé

(2) 제조공정

1) 믹서 볼에 버터를 넣고 거품기를 사용하여 유연하게 만든 후 설탕을 넣어 믹싱한다.

2) 달걀 노른자를 1)에 조금씩 넣으면서 믹싱하여 부드러운 크림상태로 만든다.

3) 삶은 노른자를 굵은 체에 받쳐 2)에 넣고 골고루 혼합한다.

4) 밀가루를 체로 쳐서 3)에 넣고 나무주걱으로 가볍게 혼합하여 한 덩어리로 만든 후 냉장고에서 20~30분 정도 휴지시킨다.

5) 성형 및 팬닝

①휴지가 끝난 반죽을 꺼내어 직경 1.3cm 크기의 원기둥 모양으로 만든 후 유산지로 말아서 냉동고에 넣어 굳힌다.

②굳힌 반죽을 꺼내어 달걀물을 칠하고 분말치즈를 묻힌다. 5cm 길이로 잘라 간격을 유지하며 철판 위에 배열한다.

6) 굽기 : 온도 190/160℃, 시간 15~17분

정형

(1) 배합표

재료	비율(%)	무게(g)
버터	70	280
설탕	30	120
노른자	10	40
노른자(삶은 것)	15	60
향(바닐라)	0.5	2
박력분	100	400

* 마무리 재료 : 분말 치즈 또는 설탕

절단하기

팬닝

바닐라 브레첼
Vanille Brezel-독

싱하여 크림상태로 만든다.

2) 달걀을 1)에 조금씩 넣으면서 믹싱하여 부드러운 크림상태로 만든 후 향과 레몬껍질을 넣어 골고루 혼합한다.

3) 밀가루를 체로 쳐서 2)에 넣고 나무주걱으로 가볍게 혼합하여 한 덩어리로 만든 후 냉장고에서 20~30분 정도 휴지시킨다.

4) 성형 및 팬닝 : 휴지가 끝난 반죽을 꺼내어 20~30g씩 분할하여 20cm 길이로 늘려 편 후 (중앙 부분이 약간 굵은 형태) 브레첼형으로 만들어 간격을 유지하며 철판 위에 배열한다.

5) 굽기 : 온도 190/160℃, 시간 12~15분
제품을 냉각시켜 럼 글레이즈로 코팅한다.

(1) 배합표

재료	비율(%)	무게(g)
버터	55	220
설탕	40	160
소금	0.5	2
달걀	18	72
바닐라	0.5	2
레몬 껍질	0.5	2
박력분	100	400

* 럼 글레이즈 (rum glaze)

재료	비율(%)	무게(g)
분당	100	200
물	20	40
럼주	13	26

전 재료를 혼합하고 40℃로 가온하여 사용한다.

(2) 제조공정

1) 스테인리스 볼에 버터를 넣고 거품기를 사용하여 유연하게 만든 후 설탕과 소금을 넣어 믹

정형

팬닝

글레이즈

02

살구 볼 쿠키
Apricot Ball Cookie

(1) 배합표

재료	비율(%)	무게(g)
버터	45	180
쇼트닝	20	80
설탕	20	80
달걀	30	120
향	0.5	2
박력분	100	400
베이킹파우더	1.5	6

* 마무리 재료 : 설탕, 살구 잼

(2) 제조공정

1) 스테인리스 볼에 버터와 쇼트닝을 넣고 거품기를 사용하여 유연하게 만든 후 설탕을 2~3회 나누어 넣고 믹싱하여 크림상태로 만든다.

2) 달걀을 1)에 조금씩 넣으면서 믹싱하여 부드러운 크림상태로 만든 후 향을 넣어 골고루 혼합한다.

3) 박력분과 베이킹파우더를 체로 쳐서 2)에 넣고 나무주걱으로 가볍게 혼합하여 한 덩어리로 만든 후 냉장고에서 20분 정도 휴지시킨다.

4) 성형 및 팬닝

① 휴지가 끝난 반죽을 꺼내어 직경 2cm의 원기둥 모양을 만든 후 길이 1cm 크기로 분할하여 구슬 모양으로 둥글리기를 한다.

② 적당한 용기에 설탕을 담아 둥글리기를 한 반죽을 굴려서 설탕을 골고루 묻힌 후 철판 위에 간격 2.5~3cm를 유지하여 배열한다.

③ 각각의 반죽 윗면 중앙 부위를 새끼손가락으로 살짝 눌러준 후 눌러서 들어간 자리에 짤주머니를 사용하여 **살구 잼**을 짜 넣는다.

5) 굽기 : 온도 190/150℃, 시간 12~16분

분할 및 정형

설탕 묻히기

누르기

잼 짜기

비스코티
Biscotti

(2) 제조공정

1) 볼에 박력분, 설탕, 소금, 오렌지 껍질를 섞어 준 후 달걀을 넣고 가볍게 혼합한다.

2) 1)에 통아몬드를 넣어 혼합한다.

3) 반죽을 나누어 원기둥 형태로 정형하고 두께 1.5cm 정도로 윗면을 눌러준 후 팬에 팬닝한다.

4) 3)을 190℃의 오븐에서 15~20분 정도 굽는다.

5) 절반 정도 구운 4)를 폭 0.7cm 정도로 자른 다음 잘린 부분이 위로 오게 하여 나란히 팬닝한다.

6) 5)를 190℃의 오븐에서 10~15분 정도 더 구운 후 철판에서 그대로 냉각시킨다.

정형 및 팬닝

굽기

자르기

팬닝

(1) 배합표

재료	비율(%)	무게(g)
박력분	100	500
설탕	100	500
소금	1	5
오렌지 껍질	1	5
달걀	50	250
통아몬드	40	200

04

슈거 볼
Sugar Ball

(1) 배합표

재료	비율(%)	무게(g)
버터	75	225
분당	35	105
박력분	100	300
호두	52	156

(2) 제조공정

1) 볼에 버터를 넣어 유연하게 만든다.

2) 1)에 분당을 넣어 기포한다.

3) 박력분을 체질하여 2)에 넣고 혼합하며 거의 동시에 잘게 다져 볶은 호두를 넣어 섞은 후 반죽을 완료한다.

4) 3)의 반죽을 냉장고에 넣어 휴지시킨다.

5) 휴지가 완료된 반죽을 10g정도의 크기로 분할하여 동그란 모양을 만들어 팬에 팬닝한다.

6) 굽기 : 온도 185/150℃, 시간 15~20분

7) 마무리공정 : 구워져 나온 제품이 따뜻할 때에 분당을 가볍게 묻힌 후 완전히 냉각되면 다시 한번 분당을 묻혀 마무리한다.

원기둥 만들기

분할

정형

분당 묻히기

플로랑탱 쿠키
Florentine Cookie

(1) 배합표

A. 비스킷 (Biscuit)

재료	비율(%)	무게(g)
버터	40	200
설탕	40	200
소금	1	5
향	0.4	2
달걀	20	100
박력분	100	500

B. 플로랑탱 (Florentine)

재료	비율(%)	무게(g)
생크림	60	150
설탕	50	125
물엿	30	75
버터	20	50
아몬드 슬라이스	100	250
체리	20	50
오렌지 필	20	50

(2) 제조공정

A. 비스킷

1) 대리석 작업대 위에 버터를 놓고 손으로 으깨어 덩어리가 없도록 만든 후 설탕, 소금을 넣고 손으로 치댄다.

2) 달걀을 ①에 조금씩 넣으면서 혼합하고 향을 첨가한다.

3) 체로 친 밀가루를 ②에 넣고 혼합하여 반죽을 만들고 냉장고에서 20분 정도 휴지시킨다.

4) 휴지가 완료된 반죽을 손으로 약간 치댄 후 0.5cm 두께로 밀어 편다.

5) 철판 크기에 맞도록 재단하여 철판 위에 깔고 포크를 사용하여 윗면 여러 군데에 구멍자국을 낸다. 굽는 도중에 비스킷 반죽이 들뜨는 것을 방지해준다.

6) 굽기 : 온도 180/170℃, 시간 20~22분 (굽는시간을 이용하여 플로랑탱 제조).

B. 플로랑탱

1) 구리냄비(또는 다른 용기)에 생크림, 버터, 설탕, 물엿을 넣고 혼합한 후 110~114℃로 끓이고 불에서 내려놓는다.

2) 아몬드 슬라이스는 별도의 용기에 넣어 약간 뜨겁게 데워서 오렌지 필, 잘게 썰은 체리와 함께 ①에 넣어 엷은 갈색이 될 때까지 잘 섞으면서 다시 끓인다.

전체 마무리

1) 굽기가 끝난 비스킷 윗면에 충전용 또는 토핑용 플로랑탱을 부어 고르게 편 다음 다시 오븐에 넣어 갈색이 나게 구워낸다.(180℃) 굽는 도중에 충전물이 끓고 거품이 나면 오븐에서 잠시 꺼냈다가 거품이 가라앉으면 다시 굽는다.

2) 냉각 및 마무리 : 냉각시킨 후 적당한 크기 (4×7cm)로 자른다.

밀어 펴기

구멍 내기

플로랑탱 제조

토핑

06

체리 아몬드 스틱
Chrry Almond Stick

(1) 배합표

재료	비율(%)	무게(g)
버터	65	325
분당	45	225
소금	1	5
달걀	10	50
레몬피	0.4	2
체리	30	150
아몬드	30	150
박력분	100	500

(2) 제조공정

1) 믹서 볼에 버터를 넣고 비터 또는 거품기를 사용하여 유연하게 만든 후 분당, 소금을 넣고 기포한다.

2) 달걀을 나누어 투입하여 크림상태로 만든 후 레몬표피를 첨가하여 골고루 혼합한다.

3) 잘게 자른 체리와 잘게 쪼갠 아몬드를 2)에 넣고 섞은 후 체로 친 밀가루를 넣어 혼합하여 반죽을 한덩어리로 만들어 냉장고에 휴지시킨다.

4) 반죽의 휴지가 완료되면 25g 정도로 분할한 후 7cm 길이의 원기둥 모양으로 정형하여 철판에 간격을 유지하여 배열한다.

5) 굽기 : 온도 190/150℃, 시간 15~20분

6) 마무리 공정 : 제품을 냉각시킨 후 쿠키 길이의 1/3정도를 초콜릿으로 코팅한다.

충전물 투입

반죽 제조

정형

초콜릿 코팅

07

초콜릿 칩 쿠키
Chocolate Chip Cookie

(1) 배합표

재료	비율(%)	무게(g)
버터	55	275
쇼트닝	20	100
설탕	40	200
황설탕	20	100
소금	1	5
달걀	25	125
초코칩	40	200
호두	20	100
중력분	100	500
베이킹파우더	1	5

(2) 제조공정

1) 믹서 볼에 버터와 쇼트닝을 넣고 거품기를 사용하여 유연하게 만든 후 설탕, 황설탕, 소금을 넣고 믹싱하여 크림상태로 만든다.

2) 달걀을 1)에 조금씩 넣으면서 믹싱하여 부드러운 크림상태로 만든 후 초코칩과 호두를 넣어 골고루 혼합한다(초코칩이 없는 경우 커버추어를 잘게 부셔 사용).

3) 중력분, 베이킹파우더를 체로 쳐서 2)에 넣고 가볍게 혼합한다.

4) 성형 및 팬닝

A. 짤주머니에 직경 1.2cm 정도의 원형 모양 깍지를 끼우고 철판 위에 약 4cm의 간격을 유지하며 15g 정도씩 짠다.

B. 반죽 완료 후 냉장고에서 30분 정도 휴지시켜 꺼낸 후 원기둥 모양으로 만들어서 15g 정도씩 손으로 분할하여 철판 위에 간격을 유지하며 배열한다. 숟가락을 사용하여 팬닝하는 방법도 있다.

5) 굽기 : 온도 190/160℃, 시간 12~18분

반죽 제조   팬닝

아몬드 타일 쿠키
Almond Tile Cookie

(1) 배합표

재료	비율(%)	무게(g)
아몬드 슬라이스	100	300
설탕	80	240
박력분	15	45
흰자	55	165
버터(용해)	20	60

(2) 제조공정

1) 볼에 아몬드 슬라이스, 설탕, 밀가루를 넣고 골고루 혼합한다.

2) 흰자를 1)에 넣고 골고루 풀어준 후 녹인 버터를 넣어 가볍게 섞어주고 20~30분간 휴지를 시킨다.

3) 성형 및 팬닝 : 철판 위에 버터를 얇게 바르고 스푼 등을 사용하여 20g 정도씩 분할을 한다. 포크에 물을 묻혀가면서 직경 10cm 정도로 얇게 펼친다.

4) 굽기 : 온도 190/150℃, 시간 10~12분

5) 타일 만들기 : 구워져 나온 제품은 뜨거울 때 곡면을 가진 틀(홈통)에 걸쳐 놓으면 기왓장처럼 휘어진 모양이 된다.

반죽 제조

팬닝

02

랑그 드 샤
Langues de Chat

(1) 배합표

재료	비율(%)	무게(g)
버터	100	300
설탕	100	300
흰자	70	210
향(바닐라)	1	3
박력분	100	300

* 가나슈 (ganache)

재료	비율(%)	무게(g)
스위트 커버추어	100	200
버터	50	100
럼주	7	14

(2) 제조공정

1) 믹서 볼에 버터를 넣고 거품기를 사용하여 유연하게 만든 후 분당을 넣어 믹싱한다.

2) 달걀 흰자를 1)에 조금씩 넣으면서 믹싱하여 부드러운 크림상태로 만들고 향을 첨가하고 골고루 혼합한다.

3) 밀가루를 체로 치고 2)에 넣고 균일하게 혼합한다.

4) 성형 및 팬닝 : 짤주머니에 직경 0.7cm 정도의 원형 모양깍지를 끼우고 반죽을 넣어 5~ 6cm의 간격을 유지하며 원형은 직경 2.5cm, 장방형은 4cm 길이로 짠다.

5) 굽기 : 온도 180/150℃, 시간 8~10분

6) 제품을 냉각시킨 후 가나슈로 2개를 마주 붙여 완제품을 만든다.

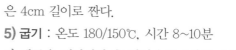

* **랑그 드 샤**(langues de chat)는 고양이 혓바닥 이란 뜻이다.

반죽 짜기

아몬드 올리기

가나슈 샌드

F. 마카롱

마카롱 쿠키
Macaron Cookie

(1) 배합표

재료	비율(%)	무게(g)
아몬드 분말	100	200
분당	180	360
달걀 흰자	80	160
설탕	20	40
바닐라 향	1	2

(2) 제조공정

1) 볼에 체 친 아몬드 분말과 슈거파우더를 담아둔다.

2) 다른 볼에 흰자를 넣고 거품기를 이용해 40% 정도로 거품을 올린 다음 설탕을 넣으면서 80~90% 정도의 머랭을 만든다.

3) 머랭에 바닐라 향을 넣는다.

4) ①에 머랭을 넣고 나무주걱으로 가볍게 섞으면서 반죽상태를 조절한다(반죽온도 22℃).

※ 짜고 나면 윗면의 모양깍지 자국이 없어지는 매끈한 상태의 반죽이 되어야 한다.

5) 철판에 쿠킹 페이퍼를 깔고 직경 0.7cm 원형모양깍지를 이용해 직경 3cm가 되도록 짠다.

※ 짜고 나면 조금 퍼지므로 약간 작게 짠다.

6) 실온에서 30~40분간 건조시킨다.

7) 윗불 180℃, 아랫불 160℃의 오븐에서 2분간 굽다가 윗불을 160℃로 낮춰 10~12분간 굽는다.

마카롱 오 쇼콜라
Macaron au Chocolat

(1) 배합표

재료	비율(%)	무게(g)
아몬드 분말	100	200
분당	180	360
코코아	8	16
흰자	92	184
설탕	20	40

(2) 제조공정

1) 아몬드 분말, 분당, 코코아를 2~3회 체로 친다.

2) 흰자와 설탕을 이용하여 머랭을 만든다.

3) 2)에 1)을 넣고 혼합한다.

4) 팬닝 : 실리콘 패드에 원형 모양깍지를 끼운 짤주머니에 반죽을 넣어 원형으로 짠 후 상온에서 30~60분 정도 건조시킨다.

5) 굽기 : 200/150℃에서 2~3분간 구운 후 170/150℃의 오븐에서 10~15분간 굽는다.

6) 마무리 공정

냉각시킨 마카롱에 잼 또는 가나슈등 을 샌드하여 마무리한다.

반죽 제조   반죽 짜기

코코넛 마카롱 쿠키
Coconut Macaron Cookie

(1) 배합표

재료	비율(%)	무게(g)
설탕(A)	100	500
물	25	125
흰자	25	125
설탕(B)	5	25
코코넛 분말	100	500

(2) 제조공정

1) 용기에 설탕(A)와 물을 넣어 불에 올려놓고 115℃까지 끓인다.

2) 믹서 볼에 흰자를 넣고 거품기를 사용하여 60% 정도로 기포한 후 설탕(B)를 조금씩 넣으면서 80%의 머랭을 만든다. 여기에 1)의 뜨거운 시럽을 조금씩 넣으면서 저속으로 믹

싱한다.

3) 코코넛 분말을 2)에 넣고 나무주걱으로 골고루 섞어준다. 이때 거품이 사그라지지 않도록 주의한다.

4) 성형 및 팬닝 : 짤주머니에 직경 2cm 정도의 별 모양깍지를 끼우고 반죽을 넣어 철판 위에 간격을 유지하여 직경 2.5cm 정도의 크기로 짠다.

5) 굽기 : 온도 170/150℃, 시간 20~25분

반죽 제조   반죽 짜기

코코넛 아몬드 머랭
Coconut Almond Meringue

(1) 배합표

재료	비율(%)	무게(g)
흰자	100	200
설탕	250	500
물	70	140
코코넛	155	310
아몬드	155	310

(2) 제조공정

1) 물에 설탕을 넣어 112~118℃ 로 끓인다.

2) 흰자를 60~70% 정도 기포한 후 뜨거운 1) 을 부어 튼튼한 상태의 머랭을 만든다.

3) 코코넛과 아몬드를 가볍게 혼합하여 반죽을 완료시킨다.

4) 철판에 패드를 깔아준 후 스패튤러나 스푼 등을 사용하여 팬닝한다.

5) 100℃ 이하의 온도에서 건조시킨다.

반죽 제조   반죽 짜기

Pastry

페이스트리

파이 껍질
Pie Crust

(1) 배합표

재료	사용범위(%)	비율(%)	무게(g)
중력분	100	100	500
탈지분유	0~4	–	–
쇼트닝	40~80	60	300
찬물	25~50	34	170
소금	1~3	1	5
설탕	0~6	2	10

(2) 제조공정

1) 밀가루를 체로 쳐서 쇼트닝과 함께 작업대 위에 올려놓고 스크레이퍼(scraper)를 사용하여 쇼트닝을 콩알 크기로 다진다.

> * 융점이 낮은 유지를 사용할 때는 냉장고에 넣어 유지를 단단하게 하여 사용한다.
> * 유지를 콩알 크기로 할 때 반드시 유지에 밀가루를 묻혀가면서 다진다.

> * 유지 크기가 균일하지 않을 때는 양손으로 비벼서 균일하게 만든다. 너무 큰 유지입자가 남아 있으면 성형과정에서 반죽이 찢어지기 쉽다.

2) 찬물에 설탕, 소금을 넣어 용해시킨 후 1)에 조금씩 넣으면서 반죽을 한 덩어리로 만들고 냉장고에 넣어 30~60분

정도 또는 그 이상 휴지를 시킨다.

> * 반죽을 한 덩어리로 뭉칠 때 〈오버 믹싱〉이 되지 않도록 주의한다. 믹싱이 지나치면 반죽에 끈기가 생겨 수축이 심하여 성형이 어렵고, 또한 반죽과정에서 유지가 물러져서 밀가루에 흡수되는 양이 많아 최종제품에 결이 생기지 않는다.
> * 휴지(retarding)를 시키는 이유는 작업 중 물러진 유지를 굳혀서 최종제품에 결을 분명히 하고, 반죽시간이 짧아 밀가루의 수화가 불완전했던 것을 완전하게 하여 성형을 용이하도록 하는 것이다.

3) 휴지시킨 반죽을 적당한 크기로 분할한 후 밀대를 사용하여 0.3cm 두께로 밀어 편다. 파이 팬에 모서리가 들뜨지 않게 밀착시킨 후 둘레를 잘라낸다.

충전물을 채우고 굽기를 하거나 포크를 사용하여 여러 군데 구멍을 뚫어준 후 같은 팬을 반죽 위에 놓고 뒤집어 굽기를 하여(그림 1) 냉각시키고 충전물을 담아 다시 굽는 방법이 있다.

〈그림 1〉

밀가루 체질

유지 다리기

반죽 제조

사과 파이
Apple Pie

(1) 배합표

A. 파이 껍질 (Pie crust)

재료	비율(%)	무게(g)
중력분	100	400
설탕	3	12
소금	1.5	6
쇼트닝	55	220
탈지분유	2	8
냉수	35	140

B. 사과 충전물 (Apple filling)

재료	비율(%)	무게(g)
사과	100	900
설탕	18	162
소금	0.5	4.5
계피가루	1	9
옥수수 전분	8	72
물	50	450
버터	2	18

(2) 제조공정

A. 파이 껍질

1) 찬물에 소금과 설탕을 녹인다.

2) 대리석 위에서 밀가루, 분유를 체 친 후 쇼트닝을 넣고 쇼트닝 입자가 콩알만한 크기가 될 때까지 자른다.

3) 가운데를 우물처럼 움푹하게 만든 후 ①의 찬물을 붓고 모든 재료를 균일하게 혼합해 한 덩어리로 만든다.

4) 반죽이 마르지 않게 비닐로 싸서 냉장고에서 20~30분간 휴지시킨다.

5) 반죽을 바닥용은 0.3cm, 덮개는 0.2cm 두께로 밀어 편다.

6) 밀어 편 바닥용 반죽을 파이용틀에 맞게 재단해 깔고 냉각된 충전물을 얹고 다듬는다.

7) 덮개용 반죽을 폭 1cm로 잘라 노른자 물을 칠하면서 격자 모양으로 얹은 후 가장자리에 물칠을 해서 붙인다.

※ 시험장에서는 완전히 덮는 모양. 격자 무늬 모양 2가지로 요구

8) 윗면 전체에 노른자를 칠하고 200℃, 아랫불 240~270℃ 오븐에서 20~25분간 굽는다.

※ 노른자를 일정하게 발라주어야 제품색이 고르게 난다.

B. 사과 충전물

1) 사과 껍질을 벗겨 씨를 제거하고 알맞은 크기로 자른다.

2) 버터를 제외한 나머지 충전물 재료를 섞어 되직해질 때까지 끓인다.

3) 버터를 넣고 혼합한 다음 사과를 넣어 버무리고 식힌다.

※ 껍질을 제거한 사과는 갈변되기 때문에 소스를 빨리 끓여 혼합한다.

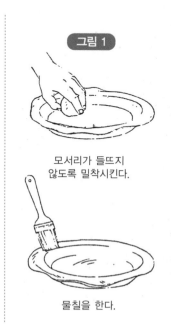

그림 1

모서리가 들뜨지 않도록 밀착시킨다.

물칠을 한다.

그림 2

냉각된 충전물을 넣는다.

윗 껍질을 만들어서 덮는다. 적당한 크기의 구멍을 뚫어준다.

그림 3

가장자리를 잘라낸 후

포크를 사용하여 무늬를 만들면서 단단히 봉한 후 달걀 물칠을 한다.

03

호두 파이
Walnut pie

(1) 배합표

A. 파이 껍질

재료	비율(%)	무게(g)
중력분	100	400
노른자	10	40
소금	1.5	6
설탕	3	12
생크림	12	48
무염버터	40	160
냉수	25	100

B. 충전물

재료	비율(%)	무게(g)
호두	100	250
설탕	100	250
물엿	100	250
계핏가루	1	2.5
물	40	100
달걀	240	600

(2) 제조공정

A. 파이껍질

1) 냉수에 설탕, 소금을 용해한 다음 생크림을 혼합하고 노른자를 풀어 혼합한다.

2) 작업대에 중력분을 체질한 다음 버터를 놓고 중력분을 뿌려주고 스크레이퍼를 이용하여 좁쌀크기로 다져준다. 손으로 비벼서 가루상태로 만들고 액체재료를 넣어 한 덩어리로 만든다.

3) 냉장 또는 냉동실에 20분간 휴지시킨다.

4) 휴지된 반죽을 0.35cm 두께로 밀어편 후 지그재그식으로 팬에 정형한다.

5) 바닥이 안보일 정도로 호두분태를 뿌린 후 충전시럽을 부어주고(분무기이용) 기포를 제거한 다음 굽는다.

6) 윗불 170℃, 아랫불 160℃ 오븐에서 30~40분간 굽는다.

B. 충전물

1) 설탕(250g)에 계핏가루를 섞고 물엿을 넣은 다음 중탕하여 설탕을 녹여준다

2) 달걀을 풀어넣고 알끈이 없어질 때까지 거품기를 잘 저어준다.

 * 거품기로 저어줄 때, 거품이 나서는 안 된다.

3) 위생지를 알맞게 잘라 덮어준 다음 냉탕으로 식혀준다.

 * 식힌 후 위생지를 제거하면 기포도 제거된다.

04

애플 턴오버
Apple Turnover

(1) 배합표

A. 퍼프 페이스트리

재료	비율(%)	무게(g)
강력분	80	400
박력분	20	100
버터	8	40
물	50	250
소금	1.5	7.5
충전용 버터	75	375

B. 사과 충전물

재료	비율(%)	무게(g)
사과	100	700
설탕	25	175
레몬즙	3	21
계피가루	0.2	1.4

(2) 제조공정

A.퍼프페이스트리

1) A의 반죽을 제조하여 3겹 접기 5회를 실시한 후 냉장고에 휴지시킨다.

B. 사과충전물

1) 사과의 껍질과 심을 제거하고 깍뚝썰기 한 후 냄비에 설탕, 레몬즙을 넣어 약한 불에 올려 사과가 반투명한 상태로 될 때까지 졸인 후 계피가루를 혼합하고 고루 섞어 체로 받쳐 시럽을 제거하여 냉각시킨다.

정형 및 굽기 공정

1) 휴지시킨 퍼프페이스트리 반죽을 두께 0.3 cm 정도로 밀어 편 후 원형 정형기를 사용하여 직경 10~12cm 정도의 크기로 찍어낸다.

2) 1)의 반죽을 가운데 부분을 밀대로 약간 눌러준 후 냉각시킨 사과조림을 올리고 이음새 부분에 물칠을 하고 반달형으로 접어 테두리를 잘 봉합한다.

3) 2)를 철판에 팬닝한 후 표면에 노른자를 고루 칠하고 포크 등을 이용하여 무늬를 내어 굽는다.

4) 굽기 : 온도 200/160℃, 시간 20~25분

정형

봉합하기

사과 파이 Ⅱ

Apple Pie Ⅱ

(1) 배합표

A. 속성 퍼프 페이스트리

재료	비율(%)	무게(g)
강력분	60	300
중력분	40	200
버터	65	325
찬물	55	275
소금	1.5	7.5

B. 사과 충전물

재료	비율(%)	무게(g)
사과	100	1000
설탕	25	250
레몬	–	1/2(ea)
버터	2.5	25
계피가루	0.3	3

(2) 제조공정

A.속성 퍼프페이스트리

1) A의 속성 퍼프페이스트리를 3겹 접기 3회를 실시한 후 냉장고에 넣어 휴지시킨다.

B. 사과 충전물

1) 사과의 껍질과 심을 제거하고 깍뚝 썰기한 후 냄비에 설탕, 레몬즙을 넣어 약한 불에 올려 사과가 반투명한 상태로 될 때까지 졸인 후 계피가루를 혼합하여 고루 섞어 체로 받쳐 시럽을 제거하여 냉각시킨다.

정형 및 굽기

1) 휴지가 완료된 반죽을 0.4cm 두께로 밀어편 후 타르트 형 또는 파이 팬에 깔아준 후 반죽의 윗면에 케이크 크림을 뿌려준다.

2) 1)에 사과 충전물을 충전한 후 페이스트리 반죽을 0.3cm 두께로 밀어펴서 이음새에 물칠을 하고 덮어 씌어 테두리 부분을 눌러 준다.

3) 제품의 표면에 노른자를 칠하여 포크 등으로 무늬를 내어 주거나 페이스트리 반죽을 밀어펴 커팅하거나 모양을 내어 굽는다.

4) 굽기 : 온도 190/160℃, 시간 30~40분

크럼 뿌리기

충전물 넣기

노른자 칠

무늬 넣기

06

초콜릿 크림 파이
Chocolate Cream Pie

(1) 배합표

A. 파이 껍질 (Pie Crust)

재료	비율(%)	무게(g)
강력분	50	250
중력분	50	250
소금	1.5	7.5
버터	60	300
물	40	200

B.초콜릿 커스터드 크림(Chocolate Custard Cream)

재료	비율(%)	무게(g)
우유	100	1000
설탕	25	250
노른자	20	200
박력분	5	50
콘스타치	4	40
향(바닐라)	0.4	4
초콜릿	15	150

C. 초코 스펀지 (Choco Sponge)

재료	비율(%)	무게(g)
박력분	100	200
코코아	18	36
달걀	240	480
설탕	120	240
우유	30	60

D. 생크림 (Whipped Cream)

재료	비율(%)	무게(g)
생크림	100	500
설탕	8	40
브랜디	4	20

(2) 제조공정

A. 파이 껍질 (Pie Crust)

1) A의 파이 껍질을 제조하여 냉장고에 휴지시킨다.

2) 휴지 된 파이 반죽을 두께 0.3cm 두께로 밀어편 후 파이 팬에 반죽을 깔고 오븐에 구워 냉각시킨다.

B. 초콜릿 커스터드 크림
   (Chocolate Custard Cream)

1) B의 초콜릿 커스터드 크림을 제조 하여 냉각 시킨다.

C. 초코 스펀지 (Choco Sponge)

1) 초코 스펀지를 공립법을 이용하여 제조한 후 냉각시켜 1cm 두께로 슬라이스한다.

D. 생크림 (Whipped Cream)

1) 오버런(Over Run) 85% 정도로 생크림을 기포한다.

마무리 공정

1) 구워 낸 파이 껍질에 살구잼을 얇게 바른 후 슬라이스한 초코 스펀지를 올려 놓는다.

2) 1)에 냉각시킨 초콜릿 커스터드크림을 수북히 올려 놓는다.

3) 2)에 생크림을 아이싱한다.

4) 3)의 테두리 부분과 중앙 부분에 초콜릿을 사용하여 마무리한다.

초콜릿 커스터드

스펀지 슬라이스

잼 바르기

스펀지 깔기

크림 짜기

초콜릿 붙이기

07

레몬파이
Lemon Pie

(1) 배합표

반죽	재료	비율(%)	무게(g)
A 파이 껍질	중력분	100	500
	분당	10	50
	버터	55	275
	소금	1	5
	물	36	180

반죽	재료	비율(%)	무게(g)
B 레몬 커스터드 크림	물	100	1300
	설탕	25	325
	노른자	12	156
	콘스타치	12	156
	레몬 껍질	–	1개분
	레몬즙	15	195

반죽	재료	비율(%)	무게(g)
C 이탈리안 머랭	흰자	100	200
	설탕	40	80
	물	60	120
	설탕	180	360
	레몬 껍질	0.5	1

(2) 제조공정

1) A의 파이껍질 반죽을 제조하여 0.3cm 두께로 밀어 편 후에 파이 팬에 반죽을 깔고 200℃의 오븐에서 구워내고 냉각시킨다.

2) B의 레몬 커스터드 크림을 제조하여 냉각시킨 파이 껍질 안에 80% 정도로 채워 넣는다(얇게 썰은 스펀지를 깔고 크림을 넣어도 된다).
①동 그릇에 물과 레몬껍질, 설탕의 1/2(160g)을 넣고 불에 올려 끓인다.
②다른 그릇에 노른자를 넣고 거품기를 사용하여 골고루 풀어준 후 콘스타치, 레몬즙, 나머지 설탕을 넣어 혼합한다. 여기에 ①의 뜨거운 시럽을 조금씩 넣으면서 혼합한다.
③고운 체에 ②를 걸러낸 후 다시 연한 죽 상태로 끓인 후 냉각한다.

3) C의 *이탈리안 머랭을 제조하여 레몬 커스터드 크림 윗면에 0.6cm 두께로 평평하게 아이싱을 하고 삼각톱날을 사용하여 줄무늬를 만든다.

4) 이탈리안 머랭 윗면에 분당을 뿌리고 레몬을 0.2cm 두께로 얇게 잘라 같은 간격으로 8쪽을 보기 좋게 올려놓는다.

5) 굽기 : 온도는 윗불만 사용하여(250℃) 머랭이 엷은 갈색이 날 때까지 단시간에 굽는다.

> *** 이탈리안 머랭**
> ①용기에 물과 설탕을 넣고 114~118℃까지 끓인다.
> ②스텐리스 그릇에 흰자를 넣고 거품기를 사용하여 60% 정도 기포한 후에 레몬껍질 같은 것과 설탕을 조금씩 넣으면서 믹싱하여 머랭을 만든다.
> ③②에 ①의 뜨거운 시럽을 조금씩 흘려 넣으면서 믹싱하여 이탈리안 머랭을 제조한다.

크림 짜기

머랭 토핑

분당 뿌리기

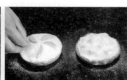
레몬 올리기

퍼프 페이스트리
Puff Pastry

(1) 배합표

재료	비율(%)	무게(g)
강력분	100	800
달걀	15	120
마가린	10	80
소금	1	8
찬물	50	400
충전용 마가린	90	720

(2) 제조공정

1) 강력분, 소금, 달걀, 찬물을 한 번에 넣고 믹싱한다.

2) 클린업 단계에서 마가린을 넣고 최종단계까지 믹싱한다.(반죽온도 20℃)

※ 온도가 높아지지 않도록 찬물로 반죽한다.

3) 표면이 마르지 않도록 비닐이나 헝겊에 싸서 냉장고에서 30분간 휴지시킨다.

4) 충전용 마가린의 크기에 맞게 반죽을 상하좌우로 민다.

※ 두께가 일정하고 모서리가 직각인 정사각형으로 밀어 편다.

5) 반죽 위에 유지를 올려 놓고 싼 다음 이음매를 꼭 여며준다.

6) 두께가 고르고 모서리가 직각인 직사각형으로 밀어 편다.

7) 덧가루를 털어내고 3겹 접기를 4회 한다.

※ 접기를 할 때 덧가루를 털어내지 않으면 제품의 결이 나빠지고 딱딱해진다.

※ 반죽을 밀어 펼 때 중앙 부위는 두껍게 하고 나머지 사방은 얇게 하여 충전용 유지를 중앙에 올려놓고 감쌌을 때 유지 바닥의 반죽과 윗면의 포개진 반죽의 두께가 일정한 것이 좋다.

※ 접기가 끝나면 비닐에 싸서 20~30분간 냉장휴지를 시킨다.

8) 두께 0.8~1cm로 반죽을 밀어 편 후 가로 4.5cm, 세로 12cm의 직사각형으로 자른다.

9) 양끝을 잡고 가운데를 2번 비튼다.

※ 팬닝은 정형한 반죽이 오븐에서 동그랗게 만들어지기 때문에 주의한다.

10) 윗불 170~180℃, 아랫불 170℃의 오븐에서 25~30분간 굽는다.

※ 20~30분간 휴지시킨 다음 굽는다.

※ 굽기 도중 오븐 문을 열면 갑자기 차가운 공기가 들어가 제품이 주저앉아 실패의 원인이 된다.

그림 1

그림 2 2접기 방법

3겹접기

4겹접기

접기　　　　재단

정형　　　　팬닝 및 분무

09

피칸 파이
Pecan Pie

(1) 배합표

반죽	재료	비율(%)	무게(g)
A 파이껍질	중력분	100	400
	마가린	60	240
	노른자	10	40
	물	35	140
	소금	1	4
B 충전물	설탕	48	480
	물엿	48	480
	물	7	70
	계피	1	10
	달걀	100	1000

(2) 제조공정

A. 파이껍질

1) A의 파이껍질 반죽을 제조하여 냉장고에 넣고 휴지시킨다.

B. 충전물

1) 그릇에 설탕, 물엿, 물, 계피를 넣고 중탕하여 가온한다.

2) 다른 그릇에 달걀을 넣어 거품이 생기지 않도록 골고루 풀어준다.

3) 2)에 1)을 넣고 혼합한 후 체로 거른다.

4) 종이를 사용하여 거품을 제거한다.

마무리 공정

1) 냉장고에서 휴지시킨 반죽을 적당한 크기로 분할한 후 0.4cm 두께로 밀어 펴서 직경 21cm 정도 크기의 파이 팬에 깔아놓는다.
여기에 피칸을 적당량(70~100g) 뿌려서 펴놓는다.

2) B의 충전물을 파이 팬에 대하여 85~90% 정도로 채운다.

3) 굽기 : 온도 170/160℃, 시간 50~60분

팬닝

정형

유산지 싸기

팔미에
Palmier

(1) 배합표

재료	비율(%)	무게(g)
강력분	50	250
박력분	50	250
버터	8	40
물	50	250
소금	1	5
충전용 버터	70	350

* 마무리 재료 : 설탕

(2) 제조공정

1) 퍼프 페이스트리 반죽을 제조하여 3겹 접기 4회를 한다. 접기 과정 중 마지막 과정은 덧가루 대신 설탕을 작업대 위에 뿌린 후 반죽을 올려놓고 밀어 펴기를 한다. 밀어 편 반죽에 물을 칠하고 설탕을 얇게 뿌린 후 3겹 접기를 하여 냉장고에 넣고 휴지를 시킨다.

2) 휴지가 완료되면 반죽을 꺼내어 다시 설탕을 뿌려가면서 두께 0.5cm, 가로 44cm, 세로 44cm 너비로 밀어 편 후 4겹 접기를 한다.

3) 4겹 접기가 끝나면 유산지 등으로 감싼 후 냉동고에 넣고 단단하게 굳힌다.

4) 반죽을 1cm 폭으로 자르고 철판 위에 간격을 충분히 유지시키며 배열한다. 실온에서 20분 정도 휴지시켜서 굽는다.

5) 굽기 : 온도 200/160℃에서 윗면과 밑면이 같은 황금갈색이 나도록 굽는다.

정형

유산지 싸기

자르기

설탕 묻히기

크림 롤
Cream Roll

(1) 제조공정

1) 퍼프 페이스트리 반죽을 0.2~0.3㎝ 두께로 밀어 편 후 폭 2.4㎝ 길이 30~40cm로 재단하여 얇게 물을 칠한다.

2) 소라 또는 파이프형 틀에 재단한 1)의 반죽을 45° 각도를 유지하면서 감는다.

3) 정형이 완료된 제품을 실온에서 20~30분간 휴지시킨 후 표면에 얇게 물칠하여 설탕을 묻혀 주거나 달걀 물칠을 하여 굽는다.

4) 굽기 : 온도 190/160℃, 시간 15~20분

5) 마무리 공정

굽기 후 틀을 제거하여 냉각 시킨 제품의 속 부분에 각종 **크림** 등을 충전 하고 입구 쪽을 페이스트리 크림이나 다진 너트류 등을 묻혀 마무리한다.

재단

정형

팬닝

크림 충전

나뭇잎 파이
Leaf Pie

(1) 제조공정

1) 퍼프 페이스트리 반죽을 0.4cm 두께로 밀어 편 후 나뭇잎 모양의 정형기를 사용하여 반죽을 찍어낸다.

2) 윗면에 설탕을 묻히고 철판 위에 배열한다. 날카로운 칼을 사용하여 나무 잎맥 모양을 만들어 준다.

3) 성형이 끝나면 실온에서 20분 정도 휴지시킨 후 굽는다.

4) 굽기 : 온도 210/200℃, 시간 15~20분

커팅

밀어 펴기

모양 만들기

13

페티 셸
Patty Shells

(2) 제조공정

1) 퍼프 페이스트리 반죽을 0.4㎝ 두께로 밀어편 후 원형 또는 국화형 커터를 사용하여 찍어낸다. 커팅한 반죽의 1/2을 철판에 배열하고 나머지 1/2은 중앙 부분을 커팅하여 링도넛 형태로 만든 후 철판에 배열시킨 반죽의 표면에 달걀물을 칠하고 포개어 준다.

2) 정형이 끝나면 20~30분간 표면이 마르지 않게 휴지시킨 후 굽는다.

3) 굽기 : 온도 200/160℃, 시간 20~25분

4) 마무리 공정

냉각시킨 제품의 움푹 파인 중앙 부분에 커스터드, 생크림 또는 디프로매트 크림 등을 짜넣은 후 각종 과일 등으로 데커레이션하여 마무리한다.

반죽 커팅　　　　　　반죽 포개기　　　　　　크림 짜기

14

속성 퍼프 페이스트리
Quick Puff Pastry

(1) 배합표

재료	비율(%)	무게(g)
강력분	50	200
중력분	50	200
버터(마가린)	70	280
찬물	50~60	200~240
소금	1.5	6

(2) 제조공정

1) 밀가루를 섞어 체로 쳐서 유지와 함께 작업대 위에 올려놓고 스크레이퍼를 사용하여 유지 크기를 사방 1cm 정도의 크기로 썰기를 한다.

> * 융점이 낮은 유지를 사용할 때는 냉장고에 잠시 넣어 단단하게 굳혀서 사용한다.
> * 유지를 자를 때는 반드시 밀가루를 묻히면서 작업한다.

2) 찬물에 소금을 넣어 녹이고 1)에 조금씩 넣으면서 반죽을 한 덩어리로 뭉친다. 약간 납작하게 눌러서 2등분하여 포개고 다시 납작하게 눌러서 2등분하고 포갠다. 이러한 작업을 3~4회 반복하고 냉장고에 넣어 30분 정도 휴지시킨다.

> * 반죽을 두 덩어리로 나눌 때는 필히 스크레이퍼를 사용한다.
> * 반죽을 이등분하여 포개는 이유는 글루텐을 약간 발전시켜 신장성을 키우고 유지의 층을 늘리는 것이다.
> * 휴지를 시킬 때는 반죽의 표면이 마르는 것을 막기 위하여 유산지 등으로 감싸준후 냉장고에 넣는다.

3) 휴지가 완료되면 작업대에 덧가루를 뿌린 후 반죽을 올려놓고 밀대를 사용하여 밀어 편 후 3겹 접기를 한다. 같은 공정을 3회 반복한다.(3겹×3회) 접을 때마다 냉장고에 넣어 20분 정도씩 휴지를 시킨다.

> * 처음 밀어 펴기를 할 때는 반죽 바닥 및 윗면에 덧가루를 조금씩 뿌려준다.
> * 처음 밀어 펴기를 할 때는 밀어 펴는 도중에 한번 정도는 반죽을 뒤집어 밀어 펴기를 하며, 접기를 할 때는 필히 덧가루를 털어낸다.

4) 밀어 펴기 및 접기가 끝나면 반죽을 0.3~0.5cm 두께로 밀어 편 후 충분한 휴지를 시키고 용도에 따라 각종 모양을 만든다. 20분 정도 휴지를 시키고 굽는다.

5) 굽기 : 온도 200/160℃, 시간 15~20분

양파파이
Onion Pie

반죽	재료	비율(%)	무게(g)
C 소스 (sauce)	콘스타치	12	60
	박력분	10	50
	소금	1	5
	넛메그	0.6	3
	우유	100	500
	달걀	20	100

(2) 제조공정

1) A의 파이껍질 반죽을 제조하여 냉장고에 넣고 휴지시킨다.

2) B의 양파 충전물

①양파와 당근을 적당한 크기로 채 썰기를 한 후 버터를 넣고 노란색이 나도록 불에 올려놓고 볶는다.

②양념 재료를 ①에 넣고 골고루 혼합한다.

3) C의 소스

①용기에 콘스타치, 박력분, 소금, 넛메그를 넣고 혼합한다.

②우유와 달걀을 ①에 넣고 골고루 혼합한다.

3) 마무리 공정

①냉장고에서 휴지시킨 반죽을 적당한 크기로 분할하여 0.2~0.3cm 두께로 밀어 편 후 파이 팬에 깔고 B의 **양파** 충전물을 채워 넣고 C의 소스를 넘치지 않을 정도로 부어 굽는다.

②**굽기** : 온도 200/160℃, 시간 25~30분

(1) 배합표

반죽	재료	비율(%)	무게(g)
A 파이 껍질 (crust)	중력분	100	400
	쇼트닝	60	240
	찬물	32	128
	설탕	2	8
	소금	1	4

반죽	재료	비율(%)	무게(g)
B 양파 충전물 (filling)	양파	100	1000
	당근	15	150
	버터	5	50
	후추가루	0.5	5
	조미료	0.5	5
	소금	0.5	5

16

밀-푀유
Mille-Feuille

(1) 배합표

A. 속성 퍼프 페이스트리

재료	비율(%)	무게(g)
강력분	70	280
중력분	30	120
버터	70	280
찬물	55	220
소금	1.5	6

B. 커스터드크림

재료	비율(%)	무게(g)
우유	100	800
설탕	25	200
노른자	15	120
박력분	10	80
버터	5	40
향(바닐라)	0.5	4

＊ 마무리 재료 : 살구잼, 퐁당, 스위트초콜릿

(2) 제조공정

1) A.의 속성 퍼프 페이스트리 반죽을 제조하여 〈3겹 접기〉를 4회 실시한 후 두께 0.3cm, 가로 27cm, 세로 40cm로 얇게 밀어 편 후 철판(27×41cm)에 옮긴다.

2) 포크를 사용하여 반죽에 작은 구멍을 촘촘히 뚫어준 후 도르래 커터로 폭 9cm 간격으로 3등분하고 굽는다.

3) 굽기 : 온도 200/170℃, 시간 20~25분

제품이 구워져 나오면 냉각시킨 후 조심스럽게 3등분하여 작업대에 옮긴다.

4) B.의 커스터드크림을 제조하여 냉각시킨 후 3장을 샌드하고 윗면에는 살구 잼을 얇게 바른다. 그 윗면에 퐁당 아이싱을 하고 초콜릿 또는 가나슈로 줄무늬를 만든다. 또는 살구 잼을 얇게 바른 후 분당을 뿌려 마무리한 후 20cm 길이로 크게 자르거나 3cm 폭으로 잘라 제품화한다.

팬닝

재단

크림 샌드

크림 짜기

사과 스트루델
Apple Strudel

(1) 배합표

재료	비율(%)	무게(g)
강력분	80	480
박력분	20	120
설탕	7	42
소금	1	6
달걀	10	60
식용유	15	90
물	65	390

* 사과 충전물

재료	비율(%)	무게(g)
사과	100	1200
건포도	12	144
호두	5	60
케이크 크럼	10	120
계피가루	0.5	6
설탕	5	60
레몬즙	0.5	6

* 마무리 재료 : 케이크 크럼

(2) 제조공정

1) 믹서 볼에 전재료를 넣고 발전단계를 조금 지난 상태에서 반죽을 끝낸다.

2) 완료된 반죽을 380g씩 분할 하여 표면에 식용유를 발라 30~60분 정도 휴지시킨다.

3) 휴지가 완료된 반죽을 면포 위에 올려 0.2cm 두께로 얇게 밀어 편다. (100×60cm)

4) 껍질과 심을 제거한 사과를 깍뚝 썰기 하여 나머지 재료들과 함께 고루 섞어 준다.

5) 3)의 밀어 편 반죽 윗면에 용해 버터를 바른 후 케이크 크럼을 뿌리고 4)의 사과충전물 500g 정도를 올려 고르게 편 다음 말아서 철판에 팬닝한다.

6) 굽기 : 제품의 표면에 용해 버터를 바른 후 185/160℃의 오븐에서 30~35분 정도 굽기를 한다

7) 마무리 공정

제품을 냉각시킨 후 윗면에 분당을 뿌려 3~4cm 정도 폭으로 자른다.

반죽 펴기

용해 버터 바르기

충전물 올리기

말기

※ 슈(Choux)의 일반사항

스텐리스 볼에 물과 유지를 넣어 불에 올려놓고 끓이면서 밀가루를 투입하여 충분히 익힌 후 불에서 내려놓고 호화된 반죽 온도가 60℃ 정도가 되면 달걀을 조금씩 첨가하여 매끄러운 슈 반죽을 제조한다.

슈 반죽을 오븐에 넣고 굽게되면 반죽에 포함된 수분에서 수증기가 생겨나고 이 수증기 압력에 의해서 반죽이 부풀어 오르는데 그 압력이 밖으로 빠져나가지 못하도록 하기 위해서는 반죽 자체에 충분한 탄력이 필요하며 일단 부풀어 오른 반죽도 탄력을 잃지않고 그 상태를 유지해야 한다.

슈 반죽의 탄력은 밀가루를 호화 시켰을 때 전분(풀)과 글루텐, 유지에 의하여 복합적으로 이루어지나 반죽의 팽창은 주로 전분(풀)에 흡수된 물의 영향에 의한다.

부풀어오른 반죽을 굳히는 작용은 반죽에 포함된 달걀 단백질 등에 의해 종합적으로 이루어지고 굳어지게 되므로 찌그러지지 않고 속이 빈 상태를 유지할 수 있다. 구워진 형태가 흡사 양배추와 같다하여 프랑스어로 슈(choux)라 불리우고 그속에 '크림을 채워 넣었다'는 아 라 크렘 (á la creme)을 합하여 슈 아 라 크렘 (choux á la créme)이라 하며 일본을 거쳐 우리나라에 들어와 슈 크림으로 불리우고 있다.

* 실패의 원인

	상황	원인
	상수리 형 철판에 붙는다.	밑붙이 강하고 철판에 기름기가 적다.
	밑이 뜬다.	밑붙이 강하고 철판에 기름기가 많다.
	옆으로 퍼진다.	반죽이 무르다. 믹싱 과다
	밑면이 작다. 공과 같은 형	오븐이 약하고 철판에 기름기가 적다.
	한 쪽이 찌그러지거나 구멍이 날 때	반죽이 되고 가스가 빠졌다.
	울퉁불퉁하고 벌어진다.	반죽이 되다. 윗불이 강하다. 습기가 부족
	내부가 깨끗이 생기지 않는다.	반죽의 호화 불충분

슈

Choux

(1) 배합표

A. 슈 반죽

재료	비율(%)	무게(g)
물	125	325
버터	100	260
소금	1	(2)
중력분	100	260
달걀	200	520
커스터드 크림	500	1400

B. 충전용 크림

재료	비율(%)	무게(g)
우유	100	900
노른자	12	108
설탕	25	225
옥수수 전분	10	90
버터	6	54
바닐라 향	0.6	5.4
럼	3	27

(2) 제조공정

A. 슈 반죽

1) 동그릇에 물과 버터, 소금을 넣고 끓인다.

2) 중력분을 체 친 후 ①에 넣고 호화시킨다.

※ 다시 약한 불에 올려 밑바닥이 눌지 않도록 저으면서 충분히 익힌다.

3) 달걀을 1~2개씩 넣으면서 끈기가 생기도록 나무주걱으로 저어준다.

※ 반죽의 되기는 광택이 나고 떨어뜨렸을 때 그대로 모양이 남는 정도가 적당하다.

4) 짤주머니에 지름 1cm의 둥근 깍지를 끼우고 반죽을 채워 충분한 간격을 띄우고 지름 3cm 정도로 짠 후 분무기로 표면이 완전히 젖도록 물을 뿌려준다.

※ 물을 뿌리는 이유는 부피가 커지고 표면이 양배추 모양으로 자연스럽게 터지도록 하기 위해서다.

5) 윗불 170℃, 아랫불 180℃ 오븐에서 15분 정도 구워 부피가 팽창되면 윗불 180℃로 높이고 아랫불 150℃로 낮추어 건조시키면서 굽는다(총 굽는시간 20~30분).

※ 표면에 수분이 없어질 때까지 건조시키지 않으면 모양이 찌그러진다.

6) 밑면이나 옆면에 구멍을 뚫어준 후 냉각된 크림을 충전한다.

※ 충분히 넣되, 밖으로 흘러 나오지 않도록 한다.

B. 충전용 크림

1) 우유를 80℃ 정도로 데운다.

2) 다른 그릇에 설탕과 옥수수 전분을 넣고 섞은 후 노른자를 섞는다.

※ 설탕과 옥수수 전분을 먼저 섞은 후 노른자를 넣어야 덩어리가 지지 않는다. 그래도 덩어리가 질 것 같으면 우유를 조금 넣고 섞는다.

3) ②에 ①을 넣고 불에 올려 풀과 같은 상태가 될 때까지 젓는다. 끓기 시작해 1~2분이 지나면 불에서 내린다.

4) 뜨거울 때 버터를 넣고 섞은 후 바닐라 향을 넣는다.

※ 크림에 광택이 나면서 찰기가 있어야 한다.

5) 향이 날아가지 않도록 식은 후 럼을 넣고 섞는다.

달걀 투입

반죽 상태

반죽 짜기

달걀물 바르기

19

슈 아라 크렘
Choux à la Crème

(1) 배합표

반죽	재료	비율(%)	무게(g)
A 슈	물	125	325
	버터	100	260
	소금	1	2.6
	중력분	100	260
	달걀	200	520
	탄산수소 암모늄	0.2	0.52
B 커스터드 크림	우유	100	1000
	설탕	25	250
	노른자	12	120
	박력분	8	80
	(향)바닐라	0.2	2
	버터	6	60

(2) 제조공정

1) A.의 슈 껍질 반죽을 제조하여 평철판에 기름을 얇게 바른 후 짤주머니에 원형 모양깍지(직경 0.8cm)를 끼우고 반죽을 넣어 직경 3cm 전후의 크기로 짠다.
분무기를 사용하여 반죽 표면에 물을 뿌려 휴지시킨 다음 굽는다.

2) 굽기

온도180/200 ···▶ 210/160℃ , 시간 20~25분
구워져 나온 슈 껍질을 냉각시킨 후 B의 냉각시킨 커스터드크림을 ①주입기를 사용하여 충전시키거나 ②슈 껍질을 측면으로 2등분하여(끝 쪽은 약간 붙어있는 상태) 그 안에 크림을 넣고 원래의 모양대로 덮어준다.

반죽 짜기

자르기

크림짜기

분당 뿌리기

파리지앵
Parisien

(1) 배합표

A. 슈 (choux)

재료	비율(%)	무게(g)
우유	70	140
물	60	120
버터	60	120
소금	1	2
중력분	100	200
달걀	200	400

B. 디프로매트 크림 (créme diplomate)

재료	비율(%)	무게(g)	
우유	100	600	커스터드 크림
설탕	20	120	
노른자	15	90	
박력분	5	30	
콘스타치	5	30	
브랜디	7	42	
생크림	100	600	생크림
설탕	10	60	

＊ 마무리 재료 : 잘게 부순 아몬드

(2) 제조공정

1) A.의 슈 반죽을 제조하여 직경 1cm 크기의 별 모양깍지를 짤주머니에 끼우고 반죽을 넣어 직경 2.5cm 크기로 짠다.

2) 달걀물을 얇게 바르고 잘게 부순 아몬드를 묻힌다.

3) 굽기

온도 180/200℃ ···▶ 200/916℃, 시간 20~25분

4) 냉각시키고 윗부분 1/3을 수평으로 자른다.

5) B.의 디프로매트 크림을 만든다. 커스터드 크림을 만들고 생크림을 만들어 혼합한 것이 **디프로매트 크림**이다. 짤주머니에 직경 1.5cm의 별 모양깍지를 끼우고 크림을 넣어 겉에서 보일 정도로 슈에 짜 넣는다. 그 위에 잘라낸 뚜껑을 얹는다. 분당으로 아이싱을 하기도 한다.

아몬드 뿌리기

크림 짜기

21

파이 슈
Pie Choux

(1) 배합표

* 퍼프 페이스트리 (Feuilletage)

재료	비율(%)	무게(g)
강력분	50	250
박력분	50	250
소금	2	10
물	60	300
버터	10	50
충전용 유지	60	300

* 슈 (Pâte a Choux)

재료	비율(%)	무게(g)
버터	90	180
물	180	360
소금	2	4
박력분	100	200
달걀	100	200

(2) 제조공정

* 퍼프 페이스트리 (Feuilletage)

1) 충전용 유지를 제외한 재료를 사용하여 반죽(Dough)을 제조하고 냉장, 휴지시킨다.

2) 충전용 유지를 충전하여 3절 4회 밀어 펴기를 한다.

* 슈 (Pâte a Choux)

1) 볼에 물, 소금, 버터를 넣어 끓인다.

2) 1)에 체에 친 박력분을 넣어 호화시킨 후 불에서 내려 놓는다.

3) 달걀을 3~4회 정도 나누어 투입하여 골고루 혼합한다.

성형 및 굽기

1) 퍼프페이스트리 반죽을 두께 0.3cm로 밀어편 후 10×10㎝ 크기로 재단한다.

2) 원형 모양깍지를 끼운 짤주머니에 슈반죽을 넣고 재단한 1)의 페이스트리 반죽 위에 직경 3cm 정도의 크기로 짠 후 반죽의 4 귀퉁이를 오므려 붙여 준다.

3) 준비된 철판에 팬닝하고 물을 분무한 후 휴지시키고 굽는다.

4) 굽기 : 굽기 초기 180/200℃ 정도의 온도로 굽다가 제품이 어느 정도 부풀어 오른 후 200/160℃ 정도의 온도로 전환하여 굽는다.

6) 마무리 공정

구워져 나온 제품의 단면을 슬라이스 하거나 인젝터 등을 이용하여 커스터드크림이나 디프로매트 크림 등을 충전하고 초콜릿이나 가나슈, 분당 등으로 마무리한다.

재단   슈 짜기

정형   정형

폴카
Polkas

(1) 배합표

A. 비스킷 (Biscuit)

재료	비율(%)	무게(g)
버터	60	180
설탕	20	60
소금	1	3
물	20	60
박력분	100	300

B. 슈 (Choux)

재료	비율(%)	무게(g)
물	160	320
버터	70	140
소금	1	2
중력분	100	200
달걀	190	380

C. 커스터드크림 (Custard cream)

재료	비율(%)	무게(g)
우유	100	600
설탕	20	120
노른자	18	108
박력분	5	30
콘스타치	5	30
향(바닐라)	0.5	3

＊ 마무리 재료 : 설탕

(2) 제조공정

1) A.의 비스킷 반죽을 제조하여 냉장고에 넣고 휴지시킨다.

①그릇에 버터를 넣고 거품기를 사용하여 유연하게 만든 후 설탕과 소금을 넣어 크림상태로 만든다.

②밀가루를 체로 쳐서 ①에 넣고 가볍게 혼합하면서 동시에 물도 첨가하여 골고루 혼합한 후 반죽을 한 덩어리로 만든다. 냉장고에 넣어 휴지시킨다.

2) 휴지가 끝난 비스킷 반죽을 0.2~0.3cm 두께로 밀어 편 후 직경 8cm 정도의 원형 정형기로 찍어내고 평철판 위에 배열시킨다. 포크를 사용하여 반죽 윗면에 여러 개의 작은 구멍 자국을 내고 분무기로 약간의 물을 뿌려준다.

3) B.의 슈 반죽을 제조하여 짤주머니에 직경 1cm 정도의 원형 모양깍지를 끼우고 반죽을 담아 2)의 원형 비스킷 반죽 가장자리 1cm 정도 안쪽으로 '링' 모양으로 짠다.

4) 굽기 : 온도 200/180℃, 시간 15~20분

> ＊ 비스킷 반죽과 슈 껍질반죽은 오븐에서 굽는 시간이 서로 다르기 때문에 굽는 도중에 밑 철판을 하나 더 깔아주고 굽는다.

5) 냉각이 된 후에 슈 껍질 중앙에 C.의 커스터드크림을 짤주머니에 넣어서 볼록하게 짜넣은 후 그 윗면에 설탕을 조금씩 뿌리고 뜨거운 인두로 설탕이 뿌려진 부분을 약간 타는 냄새가 나도록 지진다. 또는 생크림에 잘게 썬 과일류를 혼합하여 짠다.

슈 짜기

분무

크림 짜기

설탕 태우기

23

파리 브레스트

Paris Brest

(1) 배합표

A. 슈(Pâte á Choux)

재료	비율(%)	무게(g)
박력분	100	200
버터	75	150
소금	1.5	3
물	150	300
달걀	200	400

B. 크렘 파티스리(Crème Pâtissiere)

재료	비율(%)	무게(g)
우유	100	500
설탕	20	100
노른자	18	90
박력분	8	40
버터	5	25
바닐라스틱	–	1(ea)

C. 크렘 샹띠(Créme Chantilly)

재료	비율(%)	무게(g)
생크림	100	500
설탕	8	40
쿠앵트로	5	25

(2) 제조공정

A.슈(Pâte á Choux)

1) 볼에 물, 소금, 버터를 넣고 가열한 후 중앙 부분이 끓어 오르면 체로 친 박력분을 넣어 호화시킨다.

2) 달걀을 여러 차례 나누어 투입하여 반죽의 되기를 조절하고 반죽을 마친다.

3) 짤주머니에 모양깍지를 끼운 후 반죽을 넣어 철판에 직경 10cm 정도의 원형 고리모양으로 짠 후 반죽의 표면에 물을 분무하여 휴지시킨다.

4) 굽기 : 160/200℃의 오븐에 넣어 제품이 부풀어 올라 팽창하면 200/160℃로 전환하여 구운 후 제품의 단면을 잘라 냉각시킨다.

B. 크렘 파티스리(Créme Pâtissiere)

1) 냄비에 우유와 설탕의 일부, 바닐라스틱을 넣어 가열한다.

2) 볼에 박력분, 설탕, 노른자를 넣어 매끄럽게 혼합한다.

3) 2)에 끓인 1)을 부어 호화시킨다.

4) 3)에 버터를 넣어 혼합한 후 크림이 마르지 않게 하여 냉각시킨다.

C. 크렘 샹띠(Créme Chantilly)

1) 볼에 생크림과 설탕을 넣어 오버런(Over Run) 90% 상태로 기포한다.

2) 쿠앵트로를 넣어 혼합한다.

마무리 공정

1) 자른 슈의 하단 부분에 크렘 파티스리를 짜준다.

2) 1)의 윗면에 크렘 샹띠를 별모양 깍지를 사용하여 짠 후 슈의 윗부분을 덮어 마무리한다.

슈 짜기

크림 짜기

마무리

24

에클레르
Éclair

에클레르는 번개라는 뜻을 가진 가느다란 〈슈크림〉이다. 가늘고 긴 슈크림 위에 바른 초콜릿 퐁당이 빛에 반사되어 번쩍번쩍 빛나는 모양이 마치 번개와 같고, 속에 들어있는 크림이 흘러내리니 번개같이 빨리 먹으라는 뜻에서 붙여진 이름이라 한다.

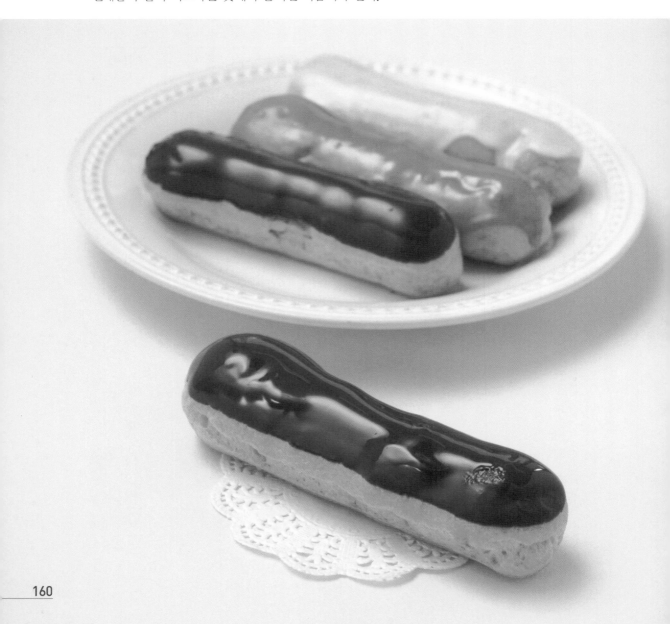

(1) 배합표

반죽	재료	비율(%)	무게(g)
A 슈 Choux	물	130	390
	버터	60	180
	소금	1	3
	중력분	100	300
	달걀	210	630

반죽	재료	비율(%)	무게(g)
B 초콜릿크림 Chocolate Cream	우유	100	1000
	설탕	25	250
	노른자	15	150
	박력분	10	100
	스위트 초콜릿	20	200
	바닐라 향	0.3	3
	브랜디	10	100
	생크림	30	300

* 마무리 재료 : 코팅용 초콜릿, 퐁당

(2) 제조공정

A. 슈

1) A.의 슈 반죽을 제조한 후 직경 1cm 크기의 원형 모양깍지를 사용하여 8cm 길이로 짜기를 한다. 반죽 표면에 물을 뿌려주고 굽기를 한다.

2) 굽기 : 온도 200/190℃, 시간 15~20분

3) 구운 직후 윗부분 가운데를 갈라 놓는다.

B. 초콜릿크림

1) 우유에 약간의 설탕(5%)을 넣고 불에 올려 끓기 직전까지 가열한다.

2) 다른 그릇에 노른자를 넣고 거품기로 골고루 풀어준 후 나머지 설탕(20%)을 넣어 혼합한다. 여기에 체로 친 밀가루를 넣고 골고루 혼합한다.

3) 2)에 1)의 뜨거운 우유를 조금씩 넣으면서 고루 섞은 후 다시 불에 올려놓고 연한 죽 상태로 끓인다.

4) 잘게 썬 초콜릿을 뜨거운 커스터드크림에 넣고 용해시킨다.

5) 냉각시킨 후 바닐라 향과 브랜디를 섞는다.

6) 생크림을 오버런 85% 정도로 만들어 5)에 넣고 골고루 섞어준다.

마무리 공정

1) 1)의 슈에 2)의 초콜릿크림을 넣는다.

2) 코팅용 초콜릿으로 윗면을 피복한다. 초콜릿 퐁당을 사용하여도 된다.

슈 짜기

퐁당 묻히기

스완 슈
Swan Choux

(2) 제조공정

1) A.의 슈를 제조하여 몸통 부분은 별 모양 깍지(직경 1.5cm)를 사용하여 조개모양으로 짠 후 200/190℃의 오븐에서 굽는다.

2) 백조의 머리, 목 부분은 원형 모양깍지(직경 0.4cm)를 사용하여 다음 그림과 같은 방법으로 짜서 150℃의 오븐에서 굽는다.

3) B.의 커스터드크림을 제조한다.

4) C.의 생크림을 제조한다.

5) 슈를 냉각시켜 그림과 같이 몸통과 날개 부분을 자른다.

마무리 공정

1) 커스터드크림을 B 부분 안쪽에 절반정도 짜 넣은 뒤 그 위에 생크림을 별 모양깍지를 사용하여 수북하게 짠다.

2) 몸통 양쪽으로 날개를 붙인다.

3) 머리, 목 부분을 붙여서 백조 모양을 만든다.

(1) 배합표

반죽	재료	비율(%)	무게(g)
A 슈	물	140	420
	버터	60	180
	소금	1	3
	중력분	100	300
	달걀	210	630
B 커스터드 크림	우유	100	1200
	설탕	20	240
	노른자	15	180
	박력분	9	108
	버터	10	120
	브랜디	3	36
	바닐라 향	0.5	6
C 생크림	생크림	100	500
	설탕	8	40
	브랜디	4	20

몸통 짜기

분무하기

목부분 짜기

모양 만들기

26

슈 네트
Choux Net

(1) 배합표

재료	비율(%)	무게(g)
물	100	100
마가린	100	100
설탕	50	50
강력분	100	100
달걀	130	130

(2) 제조공정

1) 스텐리스 볼에 물, 마가린, 설탕을 넣어 불에 올려 끓인다.

2) 밀가루를 체로 치고 1)에 넣고 나무주걱을 사용하여 빠른 동작으로 휘젓기를 하여 밀가루를 완전히 호화시켜 불에서 내려놓는다.

3) 달걀을 2)에 조금씩 나누어 넣으면서 끈기 있고 매끄러운 상태의 반죽을 만든다.

4) 기름을 얇게 바른 종이를 평철판에 올려놓고 유산지 짤주머니에 반죽을 넣고 가느다란 줄무늬를 만들 수 있도록 끝부분을 잘라낸다.

5) 굽기 : 온도 190~160℃, 시간 8~10분
구워져 나오면 냉각시킨 후 종이에서 떼어 케이크 장식 등 여러 용도로 사용한다. 밀봉하여 냉장고에 보관하였다가 사용한다.

※각종 그물 모양

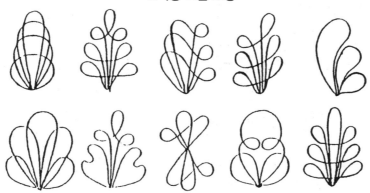

일반사항

(1) 초콜릿의 보관

초콜릿의 보관은 온도 15-20도, 습도 45-50% 조건에서 보관하는 것이 적당하며, 밀크 초콜릿, 화이트 초콜릿은 우유분의 변질 방지와 충해 방지를 위해서는 가급적 15℃ 이하의 온도에서 보관하는 것이 바람직하다.

그러나 저온 보관한 초콜릿을 잘게 부숴 놓으면 초콜릿 자체의 온도와 작업실 온도, 습도 차이에 의하여 결로현상이 일어나 초콜릿에 수분이 침입되는 현상과 같은 결과가 되기 때문에 저온 보관한 초콜릿은 포장 자체를 개봉하지 말고 작업실까지 가지고 온 후 잠시 후에 개봉하여 사용한다.

(2) 초콜릿 성분

분류	코코아 성분	카카오 버터	설탕	전지 분유
카카오 매스 (Cacao Mass)	50	50	–	–
다크(스위트) 초콜릿 Dark(Sweet) Chocolate	20	30~35	40~50	–
밀크 초콜릿 (Milk Chocolate)	5~10	25~30	40~50	15~25
화이트 초콜릿 (White Chocolate)	–	30	40	50

(3) 결정입자

초콜릿을 안정하게 굳히는데는 급냉은 피해야만 된다. 카카오 버터는 굳히는 방법에 따라 융점(Melting point)이 변하며 다음의 4가지로 나눌수 있다.

* **감마(γ)형** 액상유지(lliquid fat) 형태에서 급속 냉각(17℃에서 2~3초)에 의해 생성되며 매우 불안정한 결정이다(융점 17℃).
* **알파(α)형** 낮은 온도에서 급속하게 냉각 할 때 생성 되며 불안정한 결정이다(융점 21~24℃).
* **베타프라임(β′)형** 알파형이 실온에 1시간 정도 방치하면(β)로 변하며 약간 불안정한 결정이다(융점 27~29℃).
* **베타(β)형** 가장 안정한 형태로 충분한 씨드(Seed)량과 알맞은 냉각 방법에 의해 형성된다(융점 34~36℃).

온도 조절 (Tempering)

34℃(융점) 이상으로 녹인 커버추어는 카카오 버터가 완전히 녹기 때문에 유동상태로 된다. 그 때문에 균질하게 혼합되어 있던 코코아의 고형물질, 설탕, 카카오 버터의 결합이 없어지고 카카오 버터와 기타 물질로 분리된다. 이런 상태의 커버추어를 피복하여 다시 굳어졌을 때는 표면 전체가 회색으로 물든 것 같이 변하게 된다. 이를 지방 블룸(Fat Bloom)이라 한다.

그러므로 카카오 버터의 분리를 방지하고 균질하게 하기 위하여 온도 조절이 필요하다. 카카오 버터의 분리는 지방이 완전하게 유동성으로 되고 점조성을 상실하기 때문에 일어나므로 일단은 이를 응고점 이하로 냉각시켜 점조성을 부여하도록 하여야 전체의 결합을 되돌릴 수가 있다. 그리고 이를 다시 한번 31~33℃까지 가온하면 반 유동상태의 점조성이 있는 것으로 된다.

(1) 커버추어를 녹이기 쉽게 하기 위하여 잘게 부숴 놓는다.
(2) 잘게 부숴놓은 커버추어를 깨끗한 스텐리스 그릇에 넣고 중탕으로 완전히 용해시킨다. 이때 용해된 커버추어의 온도는 40~45℃ 정도가 되도록 한다.
  • 초콜릿에 종이조각, 나무껍질 등 이물질이 들어가지 않게 주의한다.
  • 중탕시 사용하는 물의 온도는 60℃로 맞춘다.
  • 초콜릿 용해시 초콜릿이 들어있는 그릇을 뜨거운 물이 들어있는 그릇보다 넓은 그릇을 사용한다(그림 참조).
  • 초콜릿을 용해할 때는 물이 튀어 들어가지 않게 주의한다.

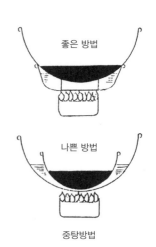

좋은 방법

나쁜 방법

중탕방법

- 용해 초콜릿에 물이 튀어 들어갈 경우 급격한 점도 상승으로 이후의 가공이 어렵게되고 최종재품의 표면이 하얗게 된다.
- 초콜릿의 용해 온도는 너무 높지 않아야 한다. 카카오 버터는 50℃ 이상이 되면 광택을 잃어버리기 때문이다.
- 밀크초콜릿, 화이트초콜릿은 50~60℃ 이상이 되면 우유 단백질인 카제인이 변질되어 구멍이 뚫어지기 쉬우므로 주의한다.

(3) 용해 초콜릿을 서서히 저어주면서 32~35℃ 정도로 냉각시킨 후 (β형 안정 결정을 생성시킨다) 다시 시간을 끌면서 27~29℃까지 냉각시켜 β′형 결정(융점 27~29℃)을 생성시킨다. 주로 쓰이는 냉각 방법은 그릇을 사용하는 방법과 대리석 작업대를 사용하는 방법이 있다.

A. 그릇(Bowl)을 사용하는 방법

용해 초콜릿이 들어있는 그릇을 찬물(24℃)이 들어있는 그릇에 담그어 공기가 들어가지 않도록 잘 저어주면서 냉각시킨다. 즉, 템퍼링(Tempering)을 한다. 이 과정이 초콜릿 제조에 있어서 가장 중요한 공정이다.

- 초콜릿을 중탕하여 용해시킬 때와 같이 초콜릿이 들어있는 그릇은 찬물이 들어있는 그릇보다 넓은 그릇을 사용한다.
- 템퍼링을 할 때는 쉬지말고 계속해서 고무주걱이나 나무주걱으로 초콜릿을 저어 주어야 하며 특히 그릇의 측면과 바닥을 긁어주면서 냉각시킨다.
- 밀크초콜릿, 화이트초콜릿은 2℃낮게 냉각시킨다(25~27℃).

B. 대리석 작업대를 사용하는 방법

그릇에서 용해된 초콜릿의 2/3 정도를 대리석 작업대에 옮긴 후 팔레트(palette)를 사용하여 넓게 늘려 펴면서 냉각시킨 후 나머지 용해된 초콜릿에 냉각시킨 초콜릿을 넣고 혼합하여 32~35℃ 정도가 될 때까지 계속 반복한 후 다시 초콜릿의 일부를 대리석 작업대에 옮겨 같은 방법으로 27~29℃까지 냉각시킨다.

- 대리석 작업대는 75% 정도 알콜로 깨끗이 닦은 후 건조한 수건으로 닦아 수분을 완전히 제거한다.
- 밀크초콜릿, 화이트초콜릿은 2℃ 낮게 냉각시킨다(25~27℃).

(4) 27~29℃까지 냉각된 초콜릿은 더운물을 받쳐 31~33℃까지 조심스럽게 가온하여 온도를 유지하면서 코팅(피복)을 하거나, 몰드 성형제품(Mould product) 또는 셀 몰드제품 (Shell Moulded product) 등을 제조한다.

- 융점 (34℃)이상의 온도로 가온하여서는 안된다.
- 밀크초콜릿, 화이트초콜릿은 2~3℃낮은 29~30℃까지 가온한다.
- **템퍼링 완료 상태 확인 방법** : 유산지에 템퍼링된 초콜릿은 조금 흘려 떨어뜨려 냉장고에 넣고 3~4분 정도 냉각시킨 후 꺼내어 초콜릿 표면의 광택을 확인하고 부러뜨렸을 때 툭 소리가 날 정도로 딱딱해지거나 템퍼링된 초콜릿을 스패튤러로 얇게 묻혀 2~3분내에 굳고 광택이 나면 템퍼링이 잘 된 상태로 본다.

가나슈
Ganache

가나슈는 초콜릿에 생크림을 혼합하여 만들며 초콜릿 제품의 센터, 커버추어 대용으로 케이크의 아이싱, 토핑 등 여러 용도로 사용한다. 배합비율은 용도에 따라 달라지며 초콜릿의 비율이 많을수록 가나슈는 굳어진다. 생크림의 일부 또는 전부를 우유, 버터, 식물성 유지, 연유로 대체하기도 하며 노른자, 프랄린, 양주, 커피, 홍차 등을 첨가하여 풍미의 변화를 줄 수 있다.

1. 기본 가나슈

(1) 배합표

커버추어 couverture	다크 초콜릿	밀크(스위트) 초콜릿	화이트 (스위트) 초콜릿
	2	5	5
생크림	1	2	2

(2) 제조공정

1) 초콜릿을 잘게 부수어 둔다. 초콜릿에 이물질 (종이, 나무껍질)이 들어가지 않도록 주의한다.

2) 구리그릇에 생크림을 넣어 약한 불에서 한 번 끓인 후 불에서 내려놓는다.

> * 버터, 꿀, 커피 등을 사용하는 경우에는 생크림에 혼합하여 끓인다.

3) 뜨거운 생크림에 1)의 초콜릿을 넣고 천천히 휘젓기를 하여 균일하게 녹이고 부드럽고 매끈한 페이스트 상태로 만든 후 냉각시킨다.

> * 휘젓기를 너무 많이 하면 분리가 되므로 주의한다.
> * 양주, 프랄린 등을 사용하는 경우는 60℃ 이하로 냉각하여 첨가한다.

2. 버터 가나슈 (Butter Ganache)

(1) 배합표

재료	비율(%)	무게(g)
스위트 초콜릿	100	500
버터	50~100	250~500

(2) 제조공정

1) 초콜릿을 잘게 부순다.

2) 용기에 초콜릿을 넣고 60℃ 정도의 뜨거운 물에 중탕으로 녹인다.

3) 다른 용기에 버터를 넣고 거품기를 사용하여 유연하게 만들고 2)의 초콜릿을 조금씩 흘려 넣으면서 믹싱하여 부드러운 크림상태로 만든 후 냉각시킨다.

3. 밀크 가나슈 (Milk Ganache)

(1) 배합표

재료	비율(%)	무게(g)
밀크 초콜릿	100	100
생크림	70	65
노른자	10	–
설탕	20	20
버터	17	–
쿠앵트로	–	15

(2) 제조공정

1) 초콜릿을 잘게 부수어 놓는다.

2) 구리그릇에 생크림을 넣어 약한 불에 끓인 후 불에서 내려놓는다.

3) 믹서 볼에 노른자와 설탕을 넣고 거품기를 사용하여 충분히 기포한다.

4) 뜨거운 생크림을 3)에 조금씩 흘려 넣으면서 골고루 혼합한 후 다시 불에 올려놓고 끓이고 체에 받쳐 걸러낸다. 잘게 부순 초콜릿을 4)에 넣고 천천히 휘저어 균일하게 녹임과 동시에 부드럽고 매끄러운 상태로 만든 후 냉각시킨다.

4. 캐러멜 가나슈 (Caramel Ganache)

(1) 배합표

재료	비율(%)	무게(g)
스위트 초콜릿	20	1000
밀크 초콜릿	80	4000
생크림	60	3000
설탕	25	1250

(2) 제조공정

1) 스위트초콜릿과 밀크초콜릿을 잘게 부수어 놓는다.

2) 구리그릇에 설탕과 약간의 물을 넣어 약한 불에 올려놓고 캐러멜 색이 나도록 태운다.

3) 구리그릇에 생크림을 넣고 약한 불에 올려 끓인 후 2)에 조금씩 흘려 넣으면서 골고루 혼합하고 불에서 내려놓는다. 2)와 3)은 동시에 작업하는 과정이다.

4) 잘게 부순 초콜릿을 3)에 넣고 휘저어 균일하게 용해시킴과 동시에 부드럽고 매끈한 상태로 만들고 냉각시킨다.

5. 티 가나슈 (Tea Ganache)

(1) 배합표

재료	비율(%)	무게(g)
스위트 초콜릿	35	350
밀크 초콜릿	65	650
생크림	60	600
홍차	3~4	30~40

(2) 제조공정

1) 초콜릿을 잘게 부수어놓는다.

2) 구리그릇에 생크림과 홍차를 넣어 약한 불에 올려놓고 한번 끓인 후 불에서 내려놓고 홍차를 제거한다.

3) 초콜릿을 2)에 넣고 천천히 휘저어 균일하게 하며 부드럽고 매끈한 상태로 만든 후 냉각한다.

6. 가나슈의 응용

재료	재료	I	II	III
1) 가나슈	스위트 초콜릿	100	100	100
	생크림	–	30	60
	우유	50	25	–
	버터	20	–	25
	물엿	5	–	–
	럼주	15	10	–
2) 화이트 가나슈	화이트 초콜릿	100	100	100
	생크림	40	50	55
	쿠앵트로	7	25	14
	물엿	5	–	–
3) 커피 가나슈	스위트 초콜릿	60	50	30
	밀크 초콜릿	40	50	70
	생크림	35	50	58
	인스턴트 커피	4	3	2
	물엿	–	–	5
	연유	–	20	–
	버터	–	30	–
	럼주	–	20	–

02

럼 트러플
Rum Truffle

(1) 배합표

재료	비율(%)	무게(g)
생크림	45	90
스위트 초콜릿	100	200
버터	10	20
럼주	20	40

* 마무리 재료 : 분당, 코코아, 커버추어 초콜릿

(2) 제조공정

1) 초콜릿을 잘게 부수어 놓는다.

2) 구리그릇에 생크림과 버터를 넣어 약한 불 위에 올려놓고 한번 끓여낸 후 1)의 초콜릿을 넣고 천천히 휘젓기를 하여 매끈한 상태의 가나슈를 만들어 냉장고에 넣고 식힌다.

3) 냉장고에서 굳힌 가나슈를 꺼내어 되기가 균일해지도록 저어준 후 짤주머니에 원형 모양깍지(∅

1.5cm)를 끼우고 가나슈를 넣는다. 유산지 위에 10g 정도가 되게 둥글게 짜고 냉장고에 넣어 굳힌다. 또는 가나슈를 한일자 모양으로 길게 짜서 냉장고에서 굳힌 후 꺼내어 2.5~3cm 간격으로 잘라 둥글게 만들기도 한다.

4) 어느 정도 굳은 가나슈를 꺼내어 손에 코코아 또는 분당을 묻혀가면서 둥글게 만들고 잠시 냉장고에 넣어 굳힌다.

5) 다시 가나슈를 꺼내어 소량의 템퍼링을 한 커버추어를 손바닥에 묻혀 양 손바닥으로 둥글게 굴리면서 애벌 코팅을 하고 유산지 위에 올려놓고 굳힌다.

6) 애벌 코팅을 한 커버추어가 굳으면 템퍼링이 된 커버추어에 담갔다가 바로 꺼내어 철망 위에 올려놓고 커버추어가 살짝 굳으면 초콜릿 디핑포크(dipping fork)로 이리저리 굴려서 송로(松露)버섯 모양을 만든다.

> * 커버추어 코팅 후 코코아 또는 분당을 묻히거나 초콜릿 스프링클(sprinkle), 초콜릿 스몰 롤(small roll) 등을 묻히기도 한다. 초콜릿 스몰 롤은 대팻밥 형태의 초콜릿을 말하며 프랑스어로 코포(copeaux)라 한다.

가나슈 짜기   정형   굴리기

캐러멜 트러플
Caramel Truffle

(1) 배합표

재료	비율(%)	무게(g)
설탕	28	70
물엿	4	10
생크림	80	200
밀크 커버추어	100	250

＊ 마무리 재료 : 분당, 밀크커버추어, 스위트커버추어

(2) 제조공정

1) 밀크커버추어를 잘게 부수어 놓는다.

2) 두꺼운 구리그릇에 설탕과 물엿을 넣고 약한 불 위에 올려 진한 캐러멜색이 날 때까지 저어주면서 가열한다.

3) 다른 그릇에 생크림을 넣고 한번 끓인 후 2)에 조금씩 넣으면서 고루 혼합한다. 2)와 3)은 동시에 작업해야 한다.

4) 밀크초콜릿을 3)에 넣고 천천히 휘저어 매끈한 상태의 가나슈를 만든 후 냉장고에 넣어 식힌다.

5) 냉장고에서 굳힌 가나슈를 꺼내어 되기가 균일해지도록 저어준 후 짤주머니에 원형 모양깍지(∅1.5cm)를 끼우고 가나슈를 넣는다. 유산지 위에 10g 정도가 되게 둥글게 짜고 냉장고에 넣어 굳힌다.

6) 굳힌 가나슈를 꺼내어 손에 분당을 묻혀가면서 둥글게 만든 후 잠시 냉장고에 넣어 다시 굳힌다.

7) 냉장고의 가나슈를 다시 꺼내어 실온에 잠시 두어서 가나슈가 너무 차갑지 않게 한다. (초콜릿 센터 온도는 18~24℃가 적절하다.)

8) 템퍼링을 한 밀크커버추어에 담가 코팅을 하고 다시 굳힌 후에 유산지로 만든 짤주머니에 스위트커버추어를 넣고 코팅된 윗면에 여러 형태의 줄무늬를 만든다.

가나슈 짜기

정형

초콜릿 짜기

화이트 트러플
White Truffle

(1) 배합표

재료	비율(%)	무게(g)
생크림	45	135
물엿	8	24
화이트 커버추어	100	300
키어시(체리 술)	4	12

* 마무리 재료 : 분당, 화이트초콜릿

(2) 제조공정

1) 화이트 커버추어를 잘게 부수어 놓는다.

2) 구리그릇에 생크림과 물엿을 넣고 약한 불에서 한번 끓인 후 1)의 커버추어를 넣어 천천히 휘저어 매끈한 상태의 가나슈를 만든다.

3) 60℃ 이하로 냉각시킨 후 체리 술 키어시를 혼합하여 냉장고에 넣는다.

4) 냉장고에서 굳힌 가나슈를 꺼내어 되기가 균일해지도록 저어준 후 짤주머니에 원형 모양깍지(Ø 1.5cm)를 끼우고 가나슈를 넣는다. 유산지 위에 10g 정도가 되게 둥글게 짜고 냉장고에 넣어 굳힌다.

5) 어느 정도 굳은 가나슈를 꺼내어 손에 코코아 또는 분당을 묻혀가면서 둥글게 만들고 잠시 냉장고에 넣어 굳힌다.

6) 다시 가나슈를 꺼내어 소량의 템퍼링을 한 **화이트 커버추어**를 손바닥에 묻혀 양 손바닥으로 둥글게 굴리면서 애벌 **코팅**을 하고 유산지 위에 올려놓고 굳힌다.

7) 애벌 코팅을 한 커버추어가 굳으면 템퍼링이 된 화이트 커버추어에 담갔다가 바로 꺼내어 철망 위에 올려놓고 커버추어가 살짝 굳으면 초콜릿 디핑포크(dipping fork)로 이리저리 굴려서 모양을 만든다.

화이트 트러플은 브-루 드 네쥬(Boile de neige)라 하며 눈덩이라는 뜻이다.

가나슈 만들기

가나슈 짜기

굴리기

쿠앵트로
Cointreau

(1) 배합표

재료	비율(%)	무게(g)
생크림	45	135
밀크 초콜릿	100	300
쿠앵트로 (오렌지 술)	10	30

＊ 마무리 재료 : 밀크 커버추어

(2) 제조공정

1) 쿠앵트로 가나슈를 제조한다.

2) 초콜릿 틀에 템퍼링을 한 커버추어 밀크초콜릿을 부어 가볍게 두드려 충격을 준다.

> **탭핑(tapping)**
> ＊ 초콜릿 몰드는 뜨거운 물로 깨끗이 씻어서 말린 후 다시 약솜으로 닦아서 사용한다. 몰드 온도는 26~28℃가 적당하다.
> ＊ 차가운 몰드를 사용하면 초콜릿이 몰드의 구석까지 도달하기 전에 굳어져 모서리 부분 형태가 만들어지지 않는다.
> ＊ 탭핑은 밀대로 몰드 옆면을 살짝 두들기거나 몰드를 작업대에 가볍게 두들겨 충격을 주므로 초콜릿 속의 기포를 제거하는 것이다. 탭핑을 하면 초콜릿 속의 기포는 표피 쪽으로 떠올라 터지게 된다.
> ＊ 탭핑을 하지 않으면 초콜릿 내부 또는 표면에 기포자국이 남는다.
> ＊ 탭핑을 할 때 초콜릿이 몰드 밖으로 넘쳐흐르지 않도록 주의한다.

3) 탭핑이 끝나면 즉시 몰드를 뒤집어서 밀대로 두들겨 초콜릿 껍질(shell)을 만드는데 불필요한 초콜릿을 흘러내리게 한다. 다시 뒤집어서 몰드 윗면에 붙어있는 초콜릿을 제거한 후 굳힌다.

4) 몰드에 있는 초콜릿 껍질이 굳으면 준비한 가나슈(18~24℃)를 짤주머니에 넣고 몰드의 80% 정도

로 짜 넣는다.

5) 템퍼링을 한 초콜릿을 가나슈를 채운 윗면에 부어 넣은 후 표면을 평평하게 만들어서 냉장고에 넣고 20~30분 정도 식히면서 굳힌다.

6) 굳기가 완료되면 몰드에서 빼낸다.

> ＊ 완전히 굳은 초콜릿은 몰드를 뒤집어 보면 초콜릿과 몰드가 분리되어 맞닿는 부분이 하얗게 보인다. 제대로 굳지 않았거나 템퍼링이 부적절한 초콜릿을 사용한 경우에는 초콜릿과 몰드가 밀착되어 있어 잘 떨어지지 않는다.
> ＊ 냉장고에서 제품을 꺼낼 때 작업실 온도나 습도가 너무 높으면 결로현상이 일어나 초콜릿 표면에 미세한 물방울이 맺히게 된다. 이 물방울이 초콜릿 표면의 설탕을 녹이고 나중에 재결정이 되면 〈설탕 블룸(sugar bloom)〉을 일으키게 되므로 실내온도(온도=15~18℃, 습도=45~50%)와 냉장고 온도 차이가 너무 크지 않도록 주의한다.
> ※ 트러플 제품은 여러 가지 모양으로 만들 수 있으며 속감을 넣지 않는 초콜릿은 탭핑이 아주 중요하다. 쿠앵트로는 오렌지 술의 이름이다.

가나슈 만들기

템퍼링

가나슈 짜기

초콜릿 짜기

몰드에서 빼기

06

아몬드 초콜릿
Almond Chocolate

(1) 배합표

재료	비율(%)	무게(g)
설탕	50	200
물	17	68
통 아몬드	100	400
버터	7	28

* 마무리 재료 : 코코아, 분당, 커버추어 초콜릿

(2) 제조공정

1) 아몬드를 살짝 굽고 나무주걱은 물에 담가둔다.

2) 구리그릇에 설탕과 물을 넣고 110℃ 정도로 끓인 후 아몬드를 넣어 나무주걱으로 계속 섞으면서 끓이면 설탕시럽이 결정화 된다.

3) 그 상태로 계속해서 열을 가하면서 저어주면 결정으로 된 설탕이 다시 녹으면서 캐러멜이 된다.

4) 아몬드가 캐러멜시럽과 골고루 섞이면 불에서 내려놓고 버터를 넣어 섞어준다. 얇게 기름을 바른 작업대 위에 부어서 뜨거울 때 한 알씩 떼어놓아 식힌다.

5) 냉각된 아몬드를 그릇에 넣고 템퍼링을 한 커버추어를 소량 첨가하여 주걱으로 저으면서 초콜릿을 묻힌 후 굳으면 다시 소량의 초콜릿을 넣고 저으면서 골고루 묻힌다. 이러한 작업을 크기에 따라 6~8회 반복한다.

6) 마지막에 체로 친 코코아 또는 분당을 묻힌 후 굵은 체에 놓고 여분의 코코아나 분당을 회수한다.

> * 캐러멜은 서로 붙기 쉬우나 버터를 넣으면 아몬드 전체 표면에 버터가 씌워져서 한 알씩 떼어내기가 좋다.

시럽 끓이기

아몬드 혼합

버터 투입

아몬드 냉각

초콜릿 코팅

분당 섞기

프레시 초콜릿
Fresh Chocolate

(1) 배합표

재료	비율(%)	무게(g)
생크림	60	240
전화당	5	20
버터	10	40
다크 초콜릿	100	400
밀크 초콜릿	42	168
비터 초콜릿	12	48
럼	20	80

(2) 제조공정

1) 생크림, 전화당, 버터를 넣어 끓인다.

2) 잘게자른 다크초콜릿, 밀크초콜릿, 비터초콜릿을 1)에 넣고 혼합한다.

3) 럼주를 2)에 넣고 혼합한다.

4) 사각 틀에 높이 1cm 정도가 되도록 넣어 굳힌다.

5) 3×3cm 정도의 크기로 자른후 코코아등을 표면에 묻혀 마무리한다.

럼 투입

팬닝

코코아 묻히기

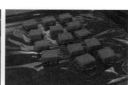
마무리

초콜릿 장미
Chocolate Plastic

1. 다크 초콜릿 (Dark Chocolate)

(1) 배합표

초콜릿 별	재료	비율(%)	무게(g)
다크 초콜릿	다크 초콜릿	100	300
	물엿	40	120
	코코아 버터	10	30
	코코아 분말	15	45

* 마무리 재료 : 코코아, 분당, 커버추어 초콜릿

1. 화이트 초콜릿 (White Chocolate)

(1) 배합표

초콜릿 별	재료	비율(%)	무게(g)
화이트 초콜릿	화이트 초콜릿	100	300
	물엿	30	90
	코코아 버터	10	30
	분당	–	50
	초콜릿 색소(적)	–	4

(2) 제조공정

비율(%)	내용
1. 프라스틱 초콜릿 만들기	① 코팅용 초콜릿을 잘게 썰어서 용기에 담는다.
	② 중탕으로 34℃가 되도록 녹인다.
	③ 코코아버터를 녹여서 ②의 초콜릿과 혼합한다.
	④ 별도의 그릇에서 물엿을 중탕으로 34℃로 가온하고 ③의 초콜릿에 넣어 혼합한다.
	⑤ 냉철판에 비닐을 깔고 ④를 부어 식힌 후 사용한다.

2. 꽃잎 만들기	**※2)–① 화이트 초콜릿**
	① 화이트 초콜릿으로 가느다란 원통형의 봉(棒)을 만든다.
	② 별도의 화이트에 적색색소로 착색하여 분홍색을 만들고 얇게 편다. 화이트 초콜릿 봉을 싸서 말아준다.
	③ 봉은 길이로 반을 자른 후 일정한 크기로 잘라서 쓴다.
	※2)–② 다크 초콜릿
	① 다크 초콜릿으로 가느다란 원통형의 봉(棒)을 만든다.
	② 봉을 그대로 또는 길이로 반을 자른 후 일정한 크기로 자른다.
	③ 비닐을 덮고 숟가락 등으로 눌러 평평하게 편다.
	④ 같은 초콜릿으로 꽃의 크기를 감안하여 꽃심을 만든다.
	⑤ 손으로 모양을 잡아 꽃잎을 만든다.
	⑥ 꽃심 둘레로 꽃잎을 하나씩 돌려가며 붙인다.
	* 다크는 코코아를, 화이트는 분당을 덧가루로 사용한다.
3. 잎사귀 만들기	① 초콜릿 봉을 그대로 또는 길이로 반을 자른다.
	② 비닐로 덮고 밀대로 밀어편다.
	③ 칼을 사용하여 잎사귀 용도에 맞는 모양과 크기로 자른디.
	④ 밀대로 살짝 밀어주고 칼로 잎맥 자국을 낸다.
	⑤ 손으로 다듬어 잎사귀 모양을 완성한다.
4. 넝쿨 만들기	① 초콜릿 봉(화이트 포함)을 가늘게 길이로 반을 자른 후 밀면서 꼬아준다.
	② 꼬아놓은 초콜릿을 기름을 칠한 원기둥 봉에 돌돌 말아 줄기(넝쿨) 모양을 만든다.
5. 마무리 작업	① 케이크 위에 꽃과 잎사귀, 줄기를 조합한다.
	② 꽃, 잎사귀, 넝쿨의 모양과 크기가 조화를 이루도록 배열한다.

분할하기

꽃심 만들기

꽃잎 붙이기

꽃잎 붙이기

꽃잎 붙이기

잎사귀 만들기

넝쿨 만들기

냉과

일반사항

한천 (Agaragar)과 젤라틴 (Gelatin)

바바루아, 무스, 젤리를 굳히는 응고제로는 젤라틴과 한천 등을 사용한다. 젤라틴은 동물성 단백질에서 추출하고 한천은 우뭇가사리 등 해조류의 줄기에서 정제, 건조시켜 만든다.

젤라틴은 분말 젤라틴과 판 젤라틴이 있으며 여러 등급으로 나누어져 있다. 저질의 젤라틴을 사용하는 경우는 제품에서 냄새가 나기 때문에 주의하여 사용한다.

분말 젤라틴은 4~5배의 찬물에 넣어 20~30분 정도 불려서 사용하며 판 젤라틴은 분말 젤라틴보다 순도가 떨어지기 때문에 분말 젤라틴 사용량보다 늘려 사용한다.

판 젤라틴의 경우에는 10~15분 정도 물에 흠뻑 담그어 두었다가 손으로 만져보아 부드러울 때 꺼내어 물기를 제거한 후 사용한다. 사용하는 방법은 분말 젤라틴과 동일한 방법으로 사용한다. 여름에는 수돗물이 미지근하기 때문에 분말 젤라틴이 잘 불려지지 않으므로 얼음물에 불려 사용하거나, 중탕으로 용해시켜 사용한다. 용해된 젤라틴에 너무 뜨거운 열을 가하면 젤라틴의 교질 (膠質)력이 약해지므로 주의한다.

분말 한천은 일반 한천에 비해 순도가 높고 사용하기 편리하나 가격이 월등히 비싼 단점이 있다.

분말 한천을 사용하는 경우는 그릇에 먼저 분말 한천을 넣고 거기에 물을 넣어 불려 사용하며, 일반 한천은 수 시간 동안 물에 담그어 두었다가 끓여 용해시킨 후 체로 걸러내어 이물질을 제거한 후 사용한다.

바바루아
Bavariois

(1) 배합표

재료	비율(%)	무게(g)
우유	100	500
노른자	20	100
설탕	35	175
찬물	15	75
젤라틴	3.5	17.5
생크림	80	400
술(리큐르)	4	20

(2) 제조공정

1) 찬물에 분말 젤라틴을 뿌리듯 부어 20~30분 정도 불려 놓는다.

2) 자루 냄비에 우유와 설탕의 1/2을 넣어 가열한다.(80~90℃)

3) 다른 볼에 노른자와 설탕을 넣어 풀어 준 후 나머지 설탕 1/2을 넣고 설탕입자가 거의 남지 않을 정도로 믹싱하고 뜨거운 우유를 조금씩 부으면서 고르게 섞어 준 다음 고운체로 걸러 준다

4) 3)을 불 위에 올려 거품기로 저으면서 끓어 오르면 불 위에서 내려 놓는다.

5) 찬물에 불린 젤라틴을 4)에 섞어준 후 젤라틴을 완전히 용해시키고 얼음물에 올려 냉각시킨다.

6) 5)에 술을 넣어 고르게 혼합한다.

7) 생크림을 60~70% 정도로 기포하여 6)에 2~3회로 나누어 투입하여 반죽을 마친다.

8) 각종 바바루아 팬을 사용하여 반죽을 팬에 가득 부은 후 냉동고에 넣어 굳힌다.

마무리 공정

1) 냉동고에서 꺼낸 후 뜨거운 물에 팬을 잠깐 담구었다가 즉시 뒤집어 빼낸다.

2) 예쁜 접시나 유리컵 등에 제품을 올려 준 후 생크림과 각종 과일 등으로 토핑하여 마무리한다.

반죽 만들기

팬닝

크림 짜기

레몬 무스 케이크
Lemon Mousse Cake

C. 레몬 무스 (Lemon Mousse)

재료	비율(%)	무게(g)
젤라틴	4.5	27
찬물	23	138
우유	100	600
레몬피	–	1개분
노른자	20	120
설탕(a)	14	84
콘스타치	6	36
레몬즙	16	96
생크림	60	360
흰자	30	180
설탕(b)	20	120

(1) 배합표

A. 버터 스펀지 (Butter Sponge)

재료	비율(%)	무게(g)
달걀	185	555
설탕	105	315
향(바닐라)	0.6	1.8
버터(용해)	20	60
박력분	100	300

D. 오렌지 젤리 (Orange Jelly)

재료	비율(%)	무게(g)
젤라틴	4.5	18
찬 물	20	80
오렌지 주스	100	400
설탕	50	200
코앵트로	3	12

B. 비스퀴 마카롱 (Biscuit Macaron)

재료	비율(%)	무게(g)
흰자	96	240
설탕	64	160
박력분	16	40
T.P.T.(탕 푸르 탕)	100	250

E. 브랜디 시럽 (Brandy Syrup)

재료	비율(%)	무게(g)
물	100	200
설탕	50	100
브랜디	15	30

(2) 제조공정

A. 버터 스펀지

1) 버터 스펀지를 공립법으로 제조하여 냉각시킨다.

2) 두께 1~1.5cm 정도로 슬라이스하여 마르지 않게 보관한다.

B. 비스퀴 마카롱

1) 흰자와 설탕으로 머랭을 제조한다.

2 박력분과 T.P.T.를 혼합하여 체질한 후 1)에 넣어 가볍게 혼 하여 반죽을 완료한다.

3) 짤주머니에 원형 모양깍지를 끼우고 철판에 종이를 깐 후 대각선 방향으로 짠다.

4) 3)의 윗면에 분당을 고루 뿌려 준다.

5) 4)의 윗면에 다크 초콜릿을 커팅한 후 굽는다.

6) 굽기 : 온도 200/160℃, 시간 12~15분

C. 레몬 무스

1) 찬물에 젤라틴을 넣어 30분 정도 불린 다음 중탕으로 용해한다.

2) 자루냄비에 우유와 레몬피를 넣어 끓인다.

3) 볼에 박력분, 콘스타치, 설탕(a), 노른자를 넣어 고르게 혼합한 후 뜨거운 상태의 2)를 넣어 불 위에서 호화시킨다.

4) 레몬즙, 젤라틴을 3)에 넣고 얼음물 위에 올려 냉각시킨다.

5) 생크림을 60~70% 정도로 기포하여 4)에 넣어 고르게 혼합한다.

6) 흰자와 설탕(b)를 이용하여 80% 정도의 머랭을 제조한 후 5)에 3~4회 정도로 나누어 투입하여 무스 제조를 완료한다.

D.오렌지 젤리

1) 찬물에 젤라틴을 넣어 30분 정도 불린 다음 중탕으로 용해한다.

2) 볼에 오렌지주스의 1/2과 설탕을 넣어 불 위에 올려 설탕을 완전히 용해시킨다(60~70℃).

3) 용해시킨 젤라틴을 2)에 넣어 혼합하고 나머지 주스와 술을 넣어 젤리를 만든다.

E. 브랜디 시럽

1) 물에 설탕을 넣어 끓여서 설탕을 용해시키고 냉각시킨 후 술을 넣어 혼합한다.

마무리 공정

1) 원형의 세르클에 비스퀴 마카롱을 틀의 높이 보다 1~1.5cm 정도 낮게 둘러주고 버터 스펀지를 1~1.5cm 두께로 슬라이스하여 바닥에 깔고 시럽을 바른다.

2) 1)에 무스를 틀 높이의 1/3정도 넣어 주고 시럽을 바른 스펀지를 올린 후 무스를 넣어 팬 높이 보다 약간 낮게 하여 윗면을 고르고 냉동고에 넣어 굳힌다.

3) 2)를 냉동고에서 꺼내어 오렌지 젤리를 부어 준 후 다시 냉장고에 넣어 굳힌다

4) 젤리가 굳으면 세르클을 제거하고 윗면에 초콜릿 조형물이나 과일 등을 올려 제품을 마무리한다.

팬 준비

무스 제조

무스 충전

젤리 토핑

치즈 무스

Cheese Mousse

(1) 배합표

A. 비스퀴 (Biscuit)

재료	비율(%)	무게(g)
흰자	240	288
설탕	215	258
노른자	150	180
향(바닐라)	0.5	0.6
박력분	100	120

B. 치즈 무스 (Cheese Mousse)

재료	비율(%)	무게(g)
크림치즈	100	400
설탕(a)	18	72
우유	28	112
젤라틴	2.5	10
레몬즙	–	1/2(ea)
노른자	10	40
설탕(b)	10	40
물	3	12
생크림	66	264

(2) 제조공정

A. 비스퀴 (Biscuit)

1) 흰자와 설탕을 사용하여 머랭을 만든다.

2) 노른자에 향을 넣고 풀어준 후 1)에 넣어 혼합한다.

3) 박력분을 체질하여 2)에 넣고 혼합한다.

4) 팬닝 : 평철판에 종이를 깔고 반죽을 넣어 고르기를 한다.

5) 굽기 : 온도 210/150℃, 시간 10~12분

B. 치즈 무스 (Cheese Mousse)

1) 볼에 치즈를 넣고 부드럽게 풀어준 후 설탕(a)를 넣고 가볍게 기포한다.

2) 우유를 끓인 후 물에 불린 젤라틴을 넣어 용해시킨 다음 1)에 넣고 혼합한다.

3) 2)에 레몬즙을 첨가한다.

4) 물에 설탕을 넣어 끓인 후 기포한 노른자에 투입하여 봄브(Bombe)를 제조한다.

5) 3)에 4)를 넣어 혼합한다.

6) 생크림을 60~70% 정도 기포하여 5)에 넣고 혼합하여 반죽을 완료한다.

마무리 공정

1) 비스퀴와 세르클을 사용하여 무스를 넣을 팬을 준비한다.

2) 1)의 준비된 세르클에 무스반죽을 넣은 후 고르고 냉동고에 넣어 굳힌다.

3) 냉동고에서 꺼낸 후 광택제를 바르고 세르클을 제거한다.

4) 초콜릿 조형물이나 과일 등을 토핑하여 마무리한다.

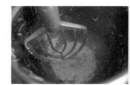  

크림 치즈 풀기　　　무스 제조　　　팬닝

04

산딸기 무스
Mousse aux Framboises

(1) 배합표

A. 비스퀴 (Biscuit)

재료	비율(%)	무게(g)
노른자	72	180
설탕(a)	44	110
흰자	144	360
설탕(b)	50	125
박력분	100	250

B. 시가렛 (Pâte a Cigalette)

재료	비율(%)	무게(g)
버터	100	100
분당	100	100
흰자	110	110
박력분	80	80
코코아	15	15

C. 비스퀴 조콩드 (Biscuit Joconde)

재료	비율(%)	무게(g)
T.P.T.	100	400
달걀	60	240
노른자	15	60
설탕(a)	12	48
박력분	20	80
버터	15	60
흰자	58	232
설탕(b)	18	72

D. 산딸기 무스 (Mousse aux Framboises)

재료	비율(%)	무게(g)
산딸기 퓨레	100	300
젤라틴	3	9
생크림	100	300
흰자	20	60
설탕	40	120
물	10	30

(2) 제조공정

A. 비스퀴 (Biscuit)

1) 별립법을 이용하여 반죽을 제조한 후 평철판에 종이를 깔고 1cm 두께로 팬닝하여 굽고 냉각시킨다.

B. 시가렛

1) 크림법을 이용하여 반죽을 제조한 후 실팻에 반죽을 얇게 편 다음 여러 가지 무늬를 내어 냉동고에 넣어 둔다.

C. 조콩드 (Joconde)

1) 믹서 볼에 T.P.T., 달걀, 노른자, 설탕(a)를 넣어 중속으로 기포한다.

2) 박력분을 체로 친 후 1)에 넣어 고르게 혼합한다.

3) 용해버터를 2)에 넣어 가볍게 혼합한다.

4) 흰자와 설탕(b)를 사용하여 머랭을 제조한 후 3)에 나누어 투입하여 반죽을 완료한다.

5) 냉동고에 넣은 시가렛 반죽 위에 반죽을 부어 표면을 고르기 한 후 굽는다.

6) 굽기 : 온도 210/160℃, 시간 10~12분

D. 산딸기 무스 (Monsse and Framboises)

1) 산딸기 퓨레를 그릇에 넣어 끓인다.

2) 물에 불린 젤라틴을 1)넣어 용해시킨 후 얼음물에 올려 냉각시킨다.

3) 흰자와 설탕과 물을 사용하여 이탈리안 머랭을 제조한다.

4) 생크림을 60~70% 정도 기포하여 2)에 넣고 혼합한다.

5) 4)에 이탈리안 머랭을 서서히 투입하여 반죽을 완료시킨다.

정형 및 마무리공정

1) 준비된 세르클에 조콩드와 비스퀴를 이용하여 산딸기 무스를 넣을 팬을 준비한다.

2) 1)에 산딸기 무스를 넣어준 후 윗면을 고르고 냉동고에 넣어 굳힌다.

3) 굳은 상태의 2)의 표면에 산딸기 퓨레와 광택제 등을 사용하여 토핑한 후 세르클을 제거한다.

4) 각종 과일이나 초콜릿 조형물 등을 토핑하여 마무리한다.

시가렛 무늬내기

조꽁드 제조

팬 준비

퓨레 끓이기

무스 제조

팬닝

05

캐러멜 커스터드 푸딩
Custard Pudding

| 팬 준비 | 우유 혼합 | 브랜디 혼합 | 팬닝 |

(1) 배합표

A. 캐러멜 소스

재료	사용범위(%)	비율(%)	무게(g)
설탕	100	100	200
물(a)	20~50	30	60
물(b)	30~45	30	60

B. 커스터드 푸딩

재료	사용범위(%)	비율(%)	무게(g)
우유	100	100	500
설탕	15~40	25	125
달걀	30~80	50	250
향(바닐라)	0~1	0.2	1
소금	0~1	0.2	1
브랜디	0~10	2	10

(2) 제조공정

A. 캐러멜 소스

1) 냄비에 물(a)와 설탕을 넣어 혼합한 후 불에 올려 나무주걱으로 저으면서 캐러멜화(진한 갈색)시킨 다음 불에서 내려 놓는다.

2) 물(b)를 1)에 넣고 연하게 만든 후 다시 불에 올려놓고 졸이면서 되기를 조절한다(되기 조절은 나무주걱에 캐러멜을 묻혀 찬물에 조금 떨어뜨렸을 때 퍼짐 정도로 파악한다).

3) 푸딩컵 밑면에 캐러멜 소스를 얇게(0.1~0.2cm) 넣어 준다.

B. 커스터드 푸딩

1) 동 그릇에 우유와 설탕 1/2을 넣어 불에 올려놓고 끓기 직전(90℃)까지 뜨겁게 데운다.

2) 다른 그릇에 달걀, 소금을 넣고 거품기로 골고루 풀어준 후 나머지 설탕 1/2을 넣어 거품이 일어나지 않도록 주의하면서 혼합한다. 1)의 뜨거운 우유를 조금씩 넣으면서 혼합한다.

> * 혼합 과정에서 거품이 많이 일어나면 최종 제품에 기포형태가 남게 된다.

3) 향과 브랜디를 2)에 넣어 혼합한 후 고운 체에 걸러낸다. 반죽이 완료된 상태에서 윗면에 거품이 있으면 위생종이를 이용하여 거품을 제거한다.

> * 바닐라 빈(vanilla bean)을 사용할 경우에는 우유에 넣고 끓인다.

4) 팬닝 : 준비된 푸딩 컵에 95% 정도가 되게 반죽을 붓고 넛메그를 조금 뿌리고 중탕으로 굽는다. 오지그릇 안쪽에 녹인 버터를 바르고 설탕을 뿌린 후 반죽을 넣기도 한다.

> * 푸딩 컵에 반죽을 넣을 때 주전자를 사용하는 것이 좋다.

5) 굽기 : 온도 150/160℃, 시간 30~35분

> * 푸딩 컵을 냉각시킨 후 칼끝을 이용하여 컵 안쪽 언저리에 붙은 푸딩을 컵에서 떨어지게 하여 빼어낸 후 유리잔 또는 접시에 담아 옆면에는 각종 과일과 생크림으로 장식한다. 유리잔에 술 시럽을 바른 얇은 스펀지 케이크(두께 1cm)를 넣고 그 위에 푸딩을 올려놓고 장식하여 냉장 쇼 케이스에 진열하는 방법도 있다.
> * 중탕 굽기는 철판(높이 6~7cm)에 푸딩 컵을 간격을 유지시켜 배열하고 컵의 2/3 높이까지 따뜻한 물을 채우고 굽는 방법이다.
> * 구워진 상태는 칼끝을 푸딩 중심부에 넣었다 꺼낼 때 칼날에 묻는 것의 유무로 확인하거나 푸딩 윗면 가장자리가 굳어지고 가운데 부분이 말랑말랑한 징후가 보이면 다 구워진 상태로 본다. 굽기를 너무 많이 한 경우는 윗면에 응유현상이 생기고 군데군데에 물기가 새어나온다.

06

초콜릿 커스터드 푸딩
Chocolate Custard Pudding

(1) 배합표

재료	비율(%)	무게(g)
우유	100	500
초콜릿(다크)	10	50
설탕	20	100
노른자	20	100
향(바닐라)	0.5	2.5

(2) 제조공정

1) 초콜릿을 잘게 자른다.

2) 그릇에 우유와 설탕의 1/2을 넣어 끓기 직전까지 데운 후 불에서 내려 잘게 자른 초콜릿을 넣어 용해시켜 준다.

3) 다른 그릇에 노른자와 나머지 1/2의 설탕을 넣고 기포가 생기지 않도록 혼합한다.

4) 3)에 뜨거운 상태의 2)를 조금씩 부어 혼합한 후 고운 체로 걸러 준다(향 투입).

5) **팬닝** : 푸딩컵에 95% 정도의 반죽을 부어 준 다음 평철판에 배열하여 중탕으로 굽는다. 또는 푸딩 컵에 1/3 정도의 반죽을 넣은 후 중탕으로 굽다가 어느 정도 굳어지면 그 위에 바닐라 커스터드 푸딩을 부어 다시 중탕으로 굽기도 한다.

6) **굽기** : 온도 160/150℃, 시간 30~35분

> * 초콜릿 대신에 인스턴트 커피를 2% 정도 사용하여 커피 커스터드 푸딩을 만들기도 한다.

초콜릿 투입

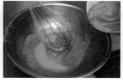
반죽 제조

팬닝

07

오렌지 젤리
Orange Jelly

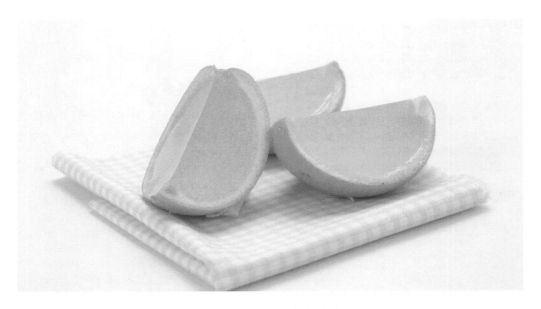

(1) 배합표

재료	비율(%)	무게(g)
오렌지 주스	35	280
물	65	520
젤라틴	4.5	36
설탕	25	200
쿠앵트로	6	48
오렌지	–	4(ea)

(2) 제조공정

1) 찬물에 판 젤라틴을 10분 정도 담구어 둔다.

2) 오렌지를 이등분으로 잘라 속을 파낸 후 즙을 낸다.

3) 2)의 오렌지즙과 물, 설탕을 넣어 불에 올려 설탕이 용해되면 불에서 내려 젤라틴을 넣어 용해시킨다.

4) 오렌지 주스와 쿠앵트로를 3)에 넣어 골고루 혼합한 후 고은 체로 걸러 준다.

5) 팬닝 : 푸딩컵 등에 2)의 오렌지 껍질을 올려 움직이지 않도록 하여 4)의 젤리액을 가득 부어준 후 냉장고(4~7℃)에 넣어 5~6시간 정도 굳힌다.

6) 마무리 공정

젤리액이 완전히 굳으면 2~3등분으로 잘라 마무리한다.

오렌지 껍질 준비   젤리 붓기

앙트르메 캐러멜
Entremets Caramel

(1) 배합표

A. 제누아즈(Génoise)

재료	비율(%)	무게(g)
달걀	110	330
설탕	145	435
박력분	100	300
콘스타치	55	165
호두	70	210
생크림	18	54
버터	15	45

B. 캐러멜 크림 (Caramel Cream)

재료	비율(%)	무게(g)
우유	25	125
노른자	4	20
설탕(a)	5	25
젤라틴	4	20
생크림	100	500
설탕(b)	60	300

(2) 제조공정

A. 제누아즈

1) 믹서 볼에 달걀을 풀어준 후 설탕을 넣어 기포한다.

2) 박력분과 콘스타치를 체질한 후 1)에 넣어 혼합한다.

3) 생크림과 용해버터를 가볍게 혼합한다.

4) 팬닝 : 원형팬에 종이를 깔고 팬용적의 50% 정도 반죽을 넣어 팬닝한다.

5) 굽기 : 온도 185/160℃, 시간 20~25분

B. 캐러멜 크림

1) 설탕(b)를 캐러멜화시키고 물을 섞어 농도를 조절하여 냉각시킨다.

2) 우유, 설탕, 노른자를 혼합하여 불 위에 올려 끓어 오르면 불에서 내려 물에 불린 젤라틴을 넣어 용해시킨 후 얼음물 위에 올려 냉각시킨다.

3) 생크림을 기포한 후 1)의 캐러멜을 1/3씩 나누어 혼합한다.

4) 2)에 3)을 2~3회 나누어 투입하여 반죽을 완료한다.

마무리 공정

1) 준비한 세르클에 제누아즈를 1cm 두께로 슬라이스하여 깔고 시럽을 발라 준다.

2) 캐러멜 크림을 충전하여 고르고 냉동고에 넣어 굳힌다.

3) 냉동고에서 꺼낸 후 윗면에 글레이즈를 칠하고 세르클을 제거한 후 생크림이나 초콜릿 등을 사용하여 마무리한다.

프로마주 블랑
Fromage Blanc

(1) 배합표

A. 사블레 (Pâte Sablé)

재료	비율(%)	무게(g)
버터	60	180
설탕	40	120
소금	0.5	1.5
레몬피	–	1/4(ea)
달걀	18	54
박력분	100	300

B.아파레유 (Appareil)

재료	비율(%)	무게(g)
크림치즈	100	500
사워크림	10	50
설탕	24	120
우유	10	50
젤라틴	2	10
레몬즙	7	35
생크림	100	500

(2) 제조공정

A. 샤블레 (Pâte Sablé)

1) 용기에 버터를 유연하게 만든 후 설탕, 소금, 레몬피를 넣어 기포한다.

2) 달걀을 풀어 1)에 조금씩 넣으면서 부드러운 상태의 크림을 만든다.

3) 박력분을 체로 친 후 2)에 넣고 나무주걱 등으로 가볍게 혼합하여 냉장고에 휴지시킨다.

4) 휴지가 완료된 반죽을 0.4cm 두께로 밀어편 후 직경 4.5cm의 세르클로 커팅하여 철판

에 배열하여 20~30분 정도 휴지시킨다.

5) 굽기 : 온도 180/150℃, 시간 12~15분

B. 아파레유 (Appareil)

1) 용기에 크림치즈를 넣어 유연하게 만든 후 설탕을 넣어 기포하는데 기포 중간 중간에 사워크림을 넣어 혼합한다.

2) 우유를 데워준 후 젤라틴을 넣어 용해시키고 1)에 넣어 혼합한다.

3) 레몬즙을 2)에 넣고 가볍게 혼합한다.

4) 생크림을 60~70 %정도로 기포하여 3)에 2~3회 나누어 투입한다.

마무리 공정

1) 직경 4.5cm의 세르클에 사브레를 깔아준다.

2) 짤주머니에 아파레유를 넣고 1)에서 준비한 세르클에 가운데 부분이 올라 오도록 짜준 후 스패튤러 등으로 고르고 냉동고에 넣어 굳힌다.

3) 굳기가 완료된 후 세르클을 제거하고 제품의 윗면에 모양을 짜고 피스타치오나 금박 등을 올려 마무리 한다.

10

티라미 수
Tirami su

(1) 배합표

A. 비스퀴 (Biscuit)

재료	비율(%)	무게(g)
노른자	68	204
설탕(a)	56	168
흰자	136	408
설탕(b)	56	168
박력분	100	300

C. 커피 시럽 (Syrup)

재료	비율(%)	무게(g)
시럽	100	200
에스프레소	40	80
갈루아	10	20
커피 베이스	5	10

B. 티라미수 크렘 (Tiramisu Créme)

재료	비율(%)	무게(g)
우유	45	135
노른자	34	102
설탕	24	72
젤라틴	4.5	13.5
크림치즈	100	300
생크림	100	300
와인	40	120

(2) 제조공정

A. 비스퀴 (Biscuit)

1) 별립법을 이용하여 반죽을 제조한 후 평철판에 두께 1cm 정도로 팬닝하여 구운 후 냉각시킨다.

B. 티라미 수 크렘 (Tiramisu Créme)

1) 자루 냄비에 우유와 설탕 사용량의 1/2을 넣어 끓여 준다.

2) 다른 그릇에 노른자와 나머지 1/2의 설탕을 혼합하여 풀어 준다.

3) 2)에 1)을 부어 혼합한 후 불 위에 올려 끓어 오르면 불 위에서 내려 준다.

4) 물에 불린 젤라틴을 3)에 넣어 완전히 용해시킨 후 냉각시켜 와인을 첨가한다.

5) 그릇에 크림치즈를 유연하게 풀어준 후 4)를 2~3회로 나누어 혼합한다(마스카르포네 치즈 사용이 원형이다).

6) 생크림을 60~70% 정도 기포하여 5)에 2~3회로 나누어 투입하여 반죽을 완료한다.

C. 커피 시럽 (Syrup)

1) 설탕 시럽에 에스프레소, 갈루아, 커피 베이스를 넣고 균일하게 섞는다.

마무리 공정

1) 팬의 바닥에 비스퀴를 깔아준 후 충분한 양의 커피 시럽을 바른다.

2) B.의 충전물 을 가득 부어준 후 윗면을 고르고 냉동고에 넣어 굳힌다.

3) 제품의 표면에 코코아를 뿌려주거나 생크림 등으로 마무리한다.

팬 준비

시럽 바르기

반죽 제조

코코아 뿌리기

토르테 로얄
Torte Royal

비스퀴 말기

롤 자르기

팬 준비

바바루아 충전

(1) 배합표

A. 비스퀴 쇼콜라 (Biscuit Chocolat)

재료	비율(%)	무게(g)
달걀	250	500
설탕	125	250
향(바닐라)	0.5	1
박력분	100	200
코코아	25	50
우유	38	76

B. 비스퀴 (Biscuit)

재료	비율(%)	무게(g)
달걀	300	600
설탕	150	300
향(바닐라)	0.5	1
박력분	100	200
아몬드 분말	50	100
생크림	50	100

C. 바바루아 바뉴 (Bavarois Vanille)

재료	비율(%)	무게(g)
우유	100	600
노른자	24	144
설탕	25	150
바닐라 스틱	–	1(ea)
젤라틴	5	30
생크림	88	528
브랜디	10	60

(2) 제조공정

A. 비스퀴 쇼콜라 (Biscuit Chocolat)

1) 믹서 볼에 달걀을 풀어준 후 설탕을 넣어 기포한다(향 투입).

2) 박력분과 코코아를 체질한 후 1)에 넣어 가볍게 혼합한다.

3) 우유를 50℃ 정도로 데워 2)에 혼합하여 반죽을 완료한다.

4) 팬닝 : 원형팬에 종이를 깐 후 팬용적의 60% 정도로 팬닝하여 굽는다.

5) 굽기 : 온도 190/160℃, 시간 20~25분

B. 비스퀴 (Biscuit)

공립법을 이용하여 평철판에 구운 후 산딸기 잼 등을 바르고 말아서(roll) 종이로 감싸 냉동고에 넣어 굳힌다.

C. 바바루아 바뉴 (Bavarois Vanille)

1) 우유와 바닐라 스틱을 넣어 80℃ 정도로 가열한다.

2) 볼에 노른자와 설탕을 넣고 가볍게 혼합한다.

3) 2)에 1)을 넣어 불 위에서 끓인 후 불에서 내려 물에 불린 젤라틴을 넣고 용해시킨다.

4) 생크림을 60% 정도로 기포하고 브랜디를 혼합한 후 냉각시킨 3)에 2~3회로 나누어 투입하여 반죽을 완료한다.

마무리 공정

1) 세르클에 랩 등을 깐 후 B의 비스퀴를 0.5~0.7cm 두께로 잘라 바닥과 옆면에 깔아준다.

2) 1)에 C의 바바루아를 부어준 후 A의 비스퀴 쇼콜라를 1cm 두께로 슬라이스하여 덮어주고 냉동고에 넣어 굳힌다.

3) 냉동고에 넣은 2)를 꺼내 세르클을 제거한 후 표면에 광택제 등을 바르고 생크림과 딸기를 사용하여 마무리한다.

고구마 케이크
Sweet Potato Cake

(1) 배합표

A. 버터 스펀지

재료	비율(%)	무게(g)
박력분	100	500
달걀	180	900
노른자	20	100
설탕	105	525
향(바닐라)	0.5	2.5
버터	25	125

B.고구마 충전물

재료	비율(%)	무게(g)
고구마	100	600
커스터드	20	120
럼	5	30
꿀	10	60
버터	20	120
생크림	100	600

(2) 제조공정

A. 버터 스펀지

1) 믹서 볼에 계란, 노른자를 넣어 풀어준 후 설탕을 넣어 기포한다(향 투입).

2) 박력분을 체질하여 1)에 넣고 가볍게 혼합한다.

3) 용해버터를 2)에 넣고 기포가 꺼지지 않도록 골고루 혼합한다.

4) 패닝 : 원형팬에 종이를 깔고 팬용적의 60~65% 정도 반죽을 넣어 굽는다.

5) 굽기 : 온도 180/160℃, 시간 20~25분

B. 고구마 충전물

1) 고구마를 쪄서 뜨거울 때 으깬 후 냉각시킨다.

2) 1)에 커스터드, 럼, 꿀, 유연하게 만든 버터를 넣어 골고루 혼합한다.

3) 생크림을 80~90% 정도로 기포하여 혼합한 후 충전물을 완료한다.

마무리 공정

1) 스펀지를 1~1.5cm 정도로 슬라이스한 후 세르클에 깔아준 후 시럽을 바른다.

2) 고구마 충전물을 넣어 윗면을 고른 후 스펀지를 덮어주고 고구마 충전물을 올린 후 다시 윗면을 고르고 냉동고에 넣어 굳힌다.

3) 굳기가 완료되면 세르클을 제거하고 생크림으로 얇게 아이싱한다.

4) 3)의 제품 표면에 스펀지 크림을 묻혀준 후 모양을 짜고 피스타치오 등을 올려 마무리한다.

팬 준비

충전물 제조

충전물 넣기

굳히기

아이싱

크림 묻히기

Tarte, Tartelette
타트, 타트레트

일반사항

1. 타트 (Tartes)

프랑스의 대표적인 과자중의 하나인 타트는 타트형 틀 (옆면에 주름잡힌 접시모양 또는 낮은 원형 틀)에 비스킷 반죽을 깔고 충전물을 채운 다음 굽거나 미리 접시모양으로 구워낸 비스킷 속에 충전물을 넣은 과자이다. 이 제품에 주로 쓰이는 반죽은 슈거 도, 비스킷, 파이 껍질 등이다.

타트의 어원은 라틴어의 토우르트(Tourt)에서 유래되었지만 프랑스어의 타트, 독일어의 토르테, 영어의 타트 등으로 부르고 있다. 즉, 독일에서 말하는 토르테란 접시 모양의 과자가 아니고 스펀지 또는 버터 케이크 계통의 것을 지칭하며 유명한 자허 토르테도 프랑스의 타트와는 전혀 다르다.

2. 타트레트 (Tartelettes)

프랑스어의 명사 다음에 'lettes'를 붙이게 되면 '의 작은것'이라는 뜻이 되므로 타트의 소형을 타트레트라 하며 제품의 직경은 5~8cm이다. 타트레트 중에는 작은 배 모양의 팬을 사용하는 바르케트 또는 바토가 있다. 타트, 타트레트의 제조 방법은 크게 나누어 2가지가 있는데 하나는 접시모양의 껍질이 될 비스킷 반죽을 미리 구워 냉각시킨 다음 크림이나 과일을 채운다. 다른 방법은 처음부터 틀에 비스킷 반죽을 깔고 크림류 등 충전물을 채워 넣은 다음 구워 내는 것이다

3. 타트, 타르레트에 사용하는 반죽

	pâte a foncer	pâte sucree			pâte brisée
밀가루	100	100	100	100	100
설탕	10	30	40	50	2 (소금)
버터	45	50	30	50	70
달걀	30	20	25	20	25

4. 타트, 타트레트에 사용하는 크림

케이스가 될 쿠키 반죽을 구워낸 후 사용하는 크림으로는 버터 크림, 가나슈, 커스터드 크림, 휘핑 크림 등이 사용된다. 또한 과일류는 생과일을 쓰는 것보다 양주 또는 설탕에 조린 콤포트 (compote) 류와 잼 등을 쓰는 경우가 많다.

반죽과 크림을 같이 굽는 방법으로는 아몬드 크림, 프랜지페인, 아몬드 또는 피칸 분말 등이 들어있는 스펀지 반죽 등을 사용하며 과일은 날것을 같이 넣어 굽는 경우도 있다.

5. 타트, 타트레트 제조공정과 주의할 사항

(1) 그림-A의 방법

① 팬에 반죽 넣기 : 이때에 팬의 밑바닥까지 반듯이 반죽을 밀착시켜서 공기를 빼낸다. 공기가 빠지지 않으면 구운 후에 밑바닥이 뜨는 원인이 된다. 또한 반죽의 두께를 균일하게 한다.

② 200℃ 오븐에서 구워낸 후 냉각시킨다. 굽기를 할 때는 반죽을 팬에 깔고 유산지 또는 같은 형태의 은박 종이를 반죽 위에 올려놓은 후 팥으로 채우고 굽는다.

③ 크림이나 썰은 과일 등을 채워 넣는다. 이때에 구운 반죽에 수분이 흡수되지 않도록 내측에 용해 초콜릿이나 잼을 바를 수가 있다.

④ 크림을 짜서 넣고 과일을 장식한 후 잼으로 마무리한다. 주로 사용하는 잼은 살구잼, 라즈베리잼 등이다.

(2) 그림-B의 방법

① 사용할 팬에 반죽 넣기

② 아몬드 크림(Créme d'amand) 등을 80% 정도 넣은 후 슬라이스한 아몬드 또는 얇게 자른 과일 등을 가지런히 올려놓는다.

③ 190℃ 오븐에 넣고 굽는다.

④ 냉각시킨 후 잼을 연하게 하여 윗면에 골고루 바른다.

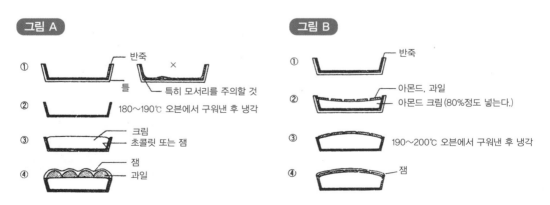

그림 A

① 반죽 / 틀 / 특히 모서리를 주의할 것
② 180~190℃ 오븐에서 구워낸 후 냉각
③ 크림 / 초콜릿 또는 잼
④ 잼 / 과일

그림 B

① 반죽
② 아몬드, 과일 / 아몬드 크림(80%정도 넣는다.)
③ 190~200℃ 오븐에서 구워낸 후 냉각
④ 잼

과일 타트레트
Fruits Tartelette

(1) 배합표

반죽	재료	비율(%)	무게(g)
A 비스킷	버터	45	225
	설탕	15	75
	달걀	35	175
	바닐라 향	0.6	3
	박력분	100	500

반죽	재료	비율(%)	무게(g)
B 커스터드 크림	우유	100	600
	설탕	35	210
	소금	0.5	3
	노른자	16	96
	밀가루	18	108
	바닐라 향	0.5	3

반죽	재료	비율(%)	무게(g)
C 생크림	생크림	100	300
	설탕	8	24
	브랜디	5	15

* 마무리 재료 : 딸기, 키위, 멜론, 황도, 대추,
  살구잼 또는 광택제

(2) 제조공정

1) A의 비스킷 반죽을 제조하여 0.3cm 두께
로 밀어 펴서 타트레트 팬에 깔고 구워낸다
(미리 굽기).

2) B의 커스터드 크림과 C의 생크림을 혼
합하여 〈디프로매트 크림〉을 만들어 1)의
비스킷에 가운데 부위가 약간 올라오도록 짜

넣는다.

3) 딸기와 대추는 이등분하여 크림이 보이지
않도록 예쁘게 올려놓고 광택제로 과일을 발
라준 후 생크림으로 과일 윗면에 장식을 하기
도 한다.

4) 키위, 멜론, 황도 등은 얇게 썰어서 3)과 같
은 방법으로 작업한다.

> * 미리 구운 비스킷을 냉각시켜서 안쪽에 녹인 초
> 콜릿을 바르고 굳힌 후에 크림을 짜 넣어도 좋은
> 제품이 된다

타트레트 굽기   과일 올리기

02

사과 타트레트
Apple Tartelette

(1) 배합표

반죽	재료	비율(%)	무게(g)
A 비스킷	버터	40	200
	설탕	26	130
	달걀	20	100
	박력분	100	500
	소금	0.6	3

반죽	재료	비율(%)	무게(g)
B 아몬드 크림	버터	100	200
	설탕	100	200
	달걀	65	130
	아몬드 분말	100	200
	브랜디	15	30

반죽	재료	비율(%)	무게(g)
C 사과조림	사과	100	300
	설탕	40	120
	버터	10	30
	브랜디	15	45
	레몬즙	8	24
	바닐라 향	1	3

* 마무리 재료 : 사과 6개, 버터, 계피설탕, 살구잼

(2) 제조공정

1) A의 비스킷 반죽을 제조하여 0.3cm 두께로 밀어 편 후 **프랑**(flan)팬에 반죽을 깐다.

2) B의 아몬드크림을 제조한다.

① 그릇에 버터를 넣고 거품기로 유연하게 한 후 설탕을 넣어 크림상태로 만든다.

② 달걀을 ①에 조금씩 넣으면서 부드러운 크림을 만들고 아몬드 분말과 브랜디를 동시에 넣고 골고루 혼합한다.

3) C의 사과조림은 먼저 사과를 4등분하여 껍질과 심을 제거한 후 0.4cm 두께로 자른다. 그릇에 버터를 넣어 녹이고 설탕과 사과를 넣고 반투명 상태가 될 때까지 익히고 냉각시켜 브랜디와 레몬즙, 바닐라 향을 첨가한다.

전체 마무리 공정

1) 비스킷 반죽을 깔아놓은 팬에 B의 아몬드크림을 60% 정도로 짜 넣는다.

2) C의 사과조림을 1)에 조금씩 넣은 후 마무리 재료인 얇게 썬 사과를 그 위에 가지런히 배열한다.

3) 사과 윗면에 녹인 버터를 얇게 바른 후 계피설탕을 뿌리고 굽는다.

4) **굽기** : 온도 205/200℃, 시간 20~25분

제품을 냉각시키고 그 윗면에 연하게 만든 살구잼을 바른다.

타르트
Tarte

(1) 배합표

A. 타르트 반죽

재료	비율(%)	무게(g)
박력분	100	400
달걀	25	100
설탕	26	104
버터	40	160
소금	0.5	2

B. 충전물 (아몬드크림)

재료	비율(%)	무게(g)
아몬드분말	100	250
설탕	90	225
버터	100	250
달걀	65	162.5
브랜디	12	30

C. 광택제 및 토핑

재료	비율(%)	무게(g)
에프리코트혼당	100	150
물	40	60
아몬드 슬라이스	66.6	100

(2) 제조공정

A. 타르트 반죽

1) 버터를 부드럽게 풀고 설탕, 소금을 넣고 섞는다.

2) 달걀을 조금씩 넣어가며 섞는다.

3) 체 친 박력분을 넣고 반죽을 한 덩어리로 뭉쳐 냉장고서 20~30분 동안 휴지한다.

4) 반죽을 3㎜ 두께로 밀어 펴서 팬에 맞게 재단하여 깐다.

5) 충전물(아몬드크림)을 짤주머니에 넣어 팬의 60~70% 정도 충전한 다음 아몬드 슬라이스를 골고루 뿌린다.

6) 윗불 190℃, 아랫불 180℃ 오븐에서 25~30분 동안 굽는다.

7) 에프리코트혼당과 물을 섞은 다음 타르트 윗면에 발라 제품을 완성한다.

※ 타르트 윗면에 바를 에프리코트혼당과 물은 타르트가 구워지고 나오면 끓인다(미리 끓여 놓으면 사용할 때 굳어 버려 바르기 어렵다).

B. 충전물 (아몬드크림)

1) 버터를 부드럽게 풀고 설탕을 넣어 크림상태로 만든다.

2) 달걀을 풀어 조금씩 넣으면서 부드러운 크림을 만들고 체 친 아몬드분말을 넣어 섞은 다음 브랜디를 넣어 크림을 완성한다.

마르티니크
Martinique

(1) 배합표

반죽	재료	비율(%)	무게(g)
A 사블레 Sablé	버터	60	600
	분당	40	400
	달걀	10	100
	박력분	100	1000

반죽	재료	비율(%)	무게(g)
B 커스터드 크림 Crème Patissière	우유	100	200
	노른자	17	34
	설탕	20	40
	박력분	5	10
	콘스타치	4	8
	버터	10	20
	바닐라 향	1	2

반죽	재료	비율(%)	무게(g)
C 프랜지페인 크림 Crèam Frangipane	버터	125	250
	설탕	125	250
	달걀	125	250
	아몬드 분말	100	200
	박력분	25	50
	커스터드 크림	130	260

* 마무리 재료 : 파인애플(당조림) 4등분,
　　　　　　　체리(당조림) 2등분

(2) 제조공정

1) A의 사블레 반죽을 제조하여 0.3cm 두께
로 밀어 편 후 직경 8cm 정도의 타트레트 팬
에 맞도록 반죽을 재단하여 깐다.

2) B의 커스터드 크림을 제조한다.

3) C의 프랜지페인 크림을 제조한다.

① 믹서 볼에 버터를 넣고 거품기로 유연하게
만든 후 설탕을 넣으면서 크림상태를 만든다.
② 달걀을 ①에 조금씩 넣으면서 부드러운 크
림을 만들고 아몬드 분말과 밀가루를 혼합하
여 아몬드크림을 제조한다. 2)의 커스터드 크
림을 혼합하여 **프랜지페인 크림**을 만든다.

전체 마무리

1) 반죽을 깔아둔 팬에 C의 프랜지페인 크림
을 팬의 80% 정도로 채운다.

2) 2등분 한 체리를 중앙에 올려놓고 4등분 한
파인애플 1쪽을 보기 좋게 올린다.

3) 굽기 : 온도 200/160℃, 시간 20~25분
제품을 냉각시키고 살구잼을 연하게 만들어서
윗면에 바른다.

앵가디너
Engerdiner

(1) 배합표

* 비스킷 (biscuit)

재료	비율(%)	무게(g)
버터	65	325
소금	1	5
설탕	50	250
레몬피	1	5
달걀	10	50
박력분	100	500

* 충전물

재료	비율(%)	무게(g)
설탕	120	360
생크림	90	270
꿀	8	24
호두	100	300

(2) 제조공정

* 비스킷

1) 그릇에 버터를 넣고 유연하게 만든 후 설탕, 소금, 레몬피를 넣고 기포한다.

2) 달걀을 풀어준 후 1)에 2~3회 정도 나누어 투입하면서 크림을 만든다.

3) 박력분을 체질한 후 2)에 넣고 가볍게 혼합하고 냉장 휴지시킨다.

* 충전물

1) 구리그릇에 설탕과 꿀을 넣고 가열하여 캐러멜화시킨다.

2) 따뜻하게 데운 생크림을 1)에 조금씩 주의하면서 넣어 풀어준다.

3) 오븐에서 구운 호두를 넣어 섞은 후 충전물을 완료시킨다.

* 정형 및 굽기 공정

1) 휴지시킨 비스킷 반죽을 얇게 밀어 편 후 팬에 깔아준 다음 커팅한다.

2) 1)에 충전물을 적당히 넣어준 후 비스킷 반죽을 얇게 밀어 펴 이음새 부분에 물을 바르고 덮어 씌워 윗껍질을 만든다.

3) 2)의 윗면에 노른자를 발라준 후 포크 등으로 무늬를 내고 굽는다.

4) 굽기 : 온도 190/160℃, 시간 20~25분

초콜릿 타트
Chocolate Tarte

(1) 배합표

A. 사블레 (Pâte Sablé)

재료	비율(%)	무게(g)
버터	68	204
분당	25	75
달걀	20	60
노른자	10	30
박력분	100	300

B. 가나슈 (Ganache)

재료	비율(%)	무게(g)
다크 초콜릿	100	400
밀크 초콜릿	25	100
생크림	68	272
바닐라 빈	–	1/2(ea)

(2) 제조공정

A. 사블레 (Pâte Sablé)

1) 버터를 유연하게 만든 후 분당을 넣어 기포한다.

2 달걀과 노른자를 풀어 1)에 나누어 투입하면서 크림을 완료한다.

3 박력분을 체질하여 2)에 넣고 혼합한 후 냉장 휴지시킨다.

4 휴지가 된 반죽을 밀어 펴 타트팬에 재단하고 누름돌을 올려 굽는다.

5 굽기 : 온도 185/160℃, 시간 15~20분

B. 가나슈 (Ganache)

1) 다크초콜릿과 밀크 초콜릿을 잘게 다진 후 중탕으로 용해한다.

2) 생크림에 바닐라 빈을 넣어 끓인다.

3) 1)에 2)를 넣어 혼합시킨다.

마무리공정

1) 냉각된 타트에 가나슈를 부어 굳힌다.

2) 제품의 표면에 금박을 올려 마무리한다.

치즈 타트
Cheese Tarte

(1) 배합표

A. 사블레 (Pâte Sablé)

재료	비율(%)	무게(g)
버터	60	180
분당	80	240
달걀	40	120
아몬드 분말	12	36
박력분	100	300

B. 크림치즈 무스 (Cream Cheese Mousse)

재료	비율(%)	무게(g)
크림치즈	100	300
설탕	32	96
레몬즙	6	18
생크림	150	450

(2) 제조공정

A. 사블레 (Pâte Sablé)

1) 버터를 부드럽게 풀어준 후 분당을 넣어 기포한다.

2) 달걀을 풀어 1)에 나누어 투입하면서 크림을 제조한다.

3) 박력분과 아몬드 분말을 체로 친 후 2)에 넣어 반죽을 완료한 다음 냉장 휴지시킨다.

4) 팬닝 : 휴지가 완료된 반죽을 밀어 펴 타트 팬에 재단한 후 누름돌을 올려 굽는다.

5) 굽기 : 온도 190/160℃, 시간 15~20분

B. 크림치즈 무스 (CreamCheese Mousse)

1) 그릇에 크림치즈를 유연하게 풀어준 후 설탕을 넣어 기포한다.

2) 1)에 레몬즙 1/2을 넣어 혼합한다.

3) 생크림을 기포하여 나머지 1/2의 레몬즙을 혼합한다.

4) 2)에 3)을 나누어 투입하여 혼합한 후 반죽을 완료한다.

마무리 공정

1) 냉각시킨 타트의 안쪽에 버터를 바른 후 굳힌다.

2) 1)의 타트에 치즈무스를 가운데 부분이 높게 되도록 충전한다.

3) 화이트 초콜릿이나 딸기 등을 올려 마무리한다.

양송이 키슈
mushroom Quiche

(1) 배합표

용도별	재료	비율(%)	무게(g)
키슈 기본반죽 만들기	강력분	100	500
	버터	40	200
	달걀	22	110
	소금	1.6	8
	물(냉수)	10~12	50~60

용도별	재료	비율(%)	무게(g)
키슈 블랑	생크림	100	1000
	달걀	55	550
	노른자	8	80
	소금	1	10
	후춧가루	0.1	1
	넛메그	0.1	1

용도별	재료	비율(%)	무게(g)
충전물	양송이(생)	50	200
	양파	100	400
	베이컨	25	100
	모짜렐라 치즈	30	120
	올리브유	10	40
	소금	2	8
	후춧가루	1	4

충전물 만들기

기본반죽 팬닝

키슈 블랑

마무리

(2)제조공정

	내용
1) 기본반죽 만들기	① 밀가루를 체질하여 작업대 위에 모아 놓는다.
	② 냉장 보관한 버터를 밀가루 위에 놓는다.
	③ 스크레이퍼에 밀가루를 묻혀가며 버터를 가로, 세로 각 0.5cm 정도가 되도록 자른다.
	④ 버터가 녹아서 물렁거리지 않도록 작업대, 실내온도, 스크레이퍼 등을 차게 유지한다.
	⑤ 밀가루와 잘게 자른 버터가 고루 섞이도록 양손으로 비비면서 푸슬푸슬한 상태로 만든다(소보로 상태). ＊ 결이 있는 바삭바삭한 제품을 만든다.
	⑥ 별도의 용기에 달걀을 넣고 거품기로 풀어준 후 소금을 용해시킨다. (버터가 녹지 않도록 찬 온도의 달걀 사용)
	⑦ 소보로 상태의 밀가루를 화산 모양으로 만들고 가운데에 ⑥의 달걀물을 넣으면서 파이껍질 반죽을 만든다.
	⑧ 냉수로 전체 〈되기〉를 조절하고 손바닥으로 넓게 편다.
	⑨ 랩으로 싸서 사각형모양을 만들고 냉장고에서 휴지한다.
2) 키슈 블랑 만들기	① 용기에 달걀과 노른자를 넣고 거품기로 풀어준다.
	② 소금과 후춧가루를 넣고 소금이 용해되도록 저어준다.
	③ 넛메그를 넣고 거품기를 사용하여 다시 섞어준다.
	④ 여기에 생크림을 부우면서 고루 섞고 냉장고에서 1시간 정도 숙성시킨다.

3) 전체공정

충전물 준비	① 양송이를 씻은 후 올리브유, 소금, 후춧가루를 넣고 살짝 볶아서 따로 보관한다.
	② 양파는 채로 썰고, 베이컨은 3cm 정도로 잘라 프라이팬에서 양파 겉 부분이 익을 정도로 살짝 볶아 따로 둔다.
밑껍질 만들기	① 키슈 반죽 200g을 밀대를 사용하여 원형으로 밀어 펴고 피케로 바닥에 구멍을 낸다.
	② 키슈 틀에 밀어 편 반죽을 얹고 자리를 잡아준다.
	③ 틀에 넘치는 반죽을 잘라내고 테두리 가장자리 반죽을 손으로 눌러 주름을 잡아준다.
마무리 작업	① 팬닝을 한 껍질반죽 위에 볶은 양파와 베이컨을 고르게 깔고 그 위에 볶은 양송이를 균일하게 펴서 얹는다.
	② 여기에 〈키슈 블랑〉을 가득 붓고 모짜렐라 치즈를 뿌린다.
	③ 160/180℃로 예열시킨 오븐에 넣고 약 25분간 굽는다.

chapter 08

Cream
크림

버터 크림
Butter Cream

(1) 배합표

재료	사용범위(%)	비율(%)	무게(g)
설탕	40~100	50	500
물	설탕량의 25~30%	15	150
주석산크림	0.1~0.5	0.2	2
물엿	10~20	10	100
버터	50~80	75	750
쇼트닝	20~50	25	250
연유	5~10	10	100
럼	3~5	5	50
향	임 의	0.2	2

위 배합비율은 버터와 쇼트닝을 합한 유지의 사용량을
100% 기준

(2) 제조공정

1) 동그릇 또는 손잡이 냄비에 물, 설탕, 주석
산크림을 넣고 골고루 섞어준 후 끓인다.
설탕물이 끓기 시작한 후 당액의 온도가 105
~110℃가 되면 물엿을 넣어 114~118℃까지

끓인 후 냉각시킨다.

* 시럽을 끓일 때 내면에 튀어 오른 시럽은 붓
에 물을 묻혀 중간 중간에 제거하여 줌으로
당의 재결정 및 캐러멜화를 방지할 수 있다.

* 주석산크림 및 물엿은 설탕의 재결정을 방
지하기 위하여 사용한다.

2) 믹서 볼에 버터와 쇼트닝을 넣고 비터 또
는 거품기를 사용하여 부드럽게 기포한 후 1)

의 냉각된 시럽을 혼합한 후 마지막 단계에서 연유와 각종 술, 향 등을 첨가하여 버터크림 제조를 완료시킨다.

* 일반적으로 사용되는 모카크림은 기본의 크림에 2~6% 정도의 인스턴트 커피를 물이나 술에 용해시킨 후 혼합하여 사용하며, 색상을 위하여 캐러멜 소스를 첨가하기도 하며 초콜릿 버터크림은 코코아를 혼합하거나 용해시킨 초콜릿 또는 가나슈 등을 첨가하여 만든다.

버터 크림
이탈리안 머랭 사용

(1) 배합표

재료	비율(%)	무게(g)
설탕(a)	60	600
물	20	200
물엿	10	100
흰자	30	300
설탕(b)	10	100
버터	60	600
쇼트닝	40	400
럼	5	50

(2) 제조공정

1) 동그릇 또는 손잡이 냄비에 물, 설탕(a)를 넣고 골고루 섞어준 후 끓인다. 설탕물이 끓기 시작한 후 당액의 온도가 105~110℃가 되면 물엿을 넣어 114~118℃까지 끓인다.

2) 믹서 볼에 흰자와 설탕(b)를 넣고 거품기를 사용하여 70~80% 정도 기포한 후 뜨거운 1)의 시럽을 흘려 넣으면서 기포하여 이탈리안 머랭(Italian Meringue)을 제조한다.

3) 다른 믹서 볼에 버터와 쇼트닝을 넣고 기포하여 크림상태로 만든 후 3)의 냉각된 이탈리안 머랭을 3~4회로 나누어 투입하여 혼합한다.

4) 마지막 단계에서 각종 술과 향을 첨가시켜 부드럽고 매끄러운 상태의 버터크림을 제조한다.

03

버터 크림
노른자 사용

(1) 배합표

재료	비율(%)	무게(g)
설탕(a)	40	400
물	15	150
물엿	10	100
노른자	20	200
설탕(b)	10	100
버터	80	800
쇼트닝	20	200
연유	5	50
럼	5	50
향	0.5	5

(2) 제조공정

1) 동그릇 또는 손잡이 냄비에 물, 설탕(a)를 넣고 골고루 섞어준 후 끓인다. 설탕물이 끓기 시작한 후 당액의 온도가 105~110℃가 되면 물엿을 넣어 114~118℃까지 끓인다.

2) 볼에 노른자를 풀어준 후 설탕(b)를 넣어 기포한다.

3) 2)에 1)의 뜨거운 시럽을 조금씩 넣으면서 기포하여 혼합한 후 냉각시킨다.

4) 믹서 볼에 버터와 쇼트닝을 넣고 비터 또는 거품기를 사용하여 기포한 후 3)의 냉각된 시럽을 조금씩 넣으면서 혼합한다.

5) 마지막 단계에서 각종 술이나 연유, 향 등을 첨가하여 부드럽고도 매끈한 상태의 버터 크림을 만든다.

---

* 뜨거운 시럽을 일시에 많이 넣게 되면 노른자가 익어 덩어리가 생기기 쉬우므로 혼합에 주의한다. 덩어리가 생겼을 경우에는 체에 거른 후 사용한다.

버터 크림

커스터드 크림 사용

(1) 배합표

재료	비율(%)	무게(g)
설탕	27	270
소금	0.5	5
물(a)	90	900
분유	15	150
콘스타치	8	80
노른자	25	250
물(b)	15	150
쇼트닝	25	250
버터	75	750
분당	50	500
향	0.5	5

(2) 제조공정

1) 동 그릇에 설탕과 소금, 분유를 넣고 골고루 섞어준 후 물(a)를 넣고 불에 올려 끓인다.

2) 물(b)에 전분을 풀어준 후 노른자를 넣어 혼합한다.

3) 2)에 뜨거운 1)을 넣어 골고루 혼합하고 불에 올려 호화시킨 후 냉각시켜 향을 첨가하여 커스터드 크림을 만든다.

4) 믹서 볼에 버터와 쇼트닝을 넣고 유연하게 만든 후 분당을 넣어 부드러운 크림 상태로 만든다.

5) 3)의 냉각된 커스터드 크림을 4)에 나누어 투입한 후 각종 술 등을 첨가하여 부드럽고 매끄러운 상태의 크림을 만든다.

> * 이러한 방식의 버터 크림을 벨기에식 버터크림(Belgian Style Cream)이라 한다.

커스터드 크림
Custard Cream

(1) 배합표

재료	사용범위(%)	비율(%)	무게(g)
우유	100	100	500
노른자	10~40	15	75
설탕	10~80	25	125
박력분 또는 전분	6~15	10	50
버터	0~10	5	25
향(바닐라)	0.5~1	0.6	3
브랜디 또는 럼	0~10	5	25

(2) 제조공정

1) 손잡이 냄비에 우유를 넣고 불에 올려 끓인다(끓이는 동안 바닥이 눌거나 타는 것을 방지하기 위하여 사용할 설탕량의 1/2 정도를 넣고 끓이기도 한다).

2) 동그릇이나 다른 그릇에 노른자를 넣고 거품기를 사용하여 골고루 풀어준 후 설탕과 전분또는 박력분을 넣어 덩어리가 생기지 않도록 매끄럽게 혼합한다.

> * 노른자의 사용비율이 적어 반죽이 된 경우에는 배합중의 우유를 소량 넣어 주어 되기를 조절한다.

3) 2)에 뜨거운 1)의 우유를 부어 불 위에서 충분이 호화시킨 후 불에서 내려 버터를 첨가시키고 40℃ 이하로 냉각이 되면 술과 향을 첨가하여 골고루 혼합한다.

4) 완성된 크림은 깨끗한 그릇으로 옮겨 냉장보관 한다(보관 전 표면이 마르는 것을 방지하기 위하여 표면에 설탕을 뿌려주거나 버터를 바르기도 한다).

이 크림은 상하기 쉬우므로 되도록 빨리 사용한다.

> * 변질되기 쉬운 크림이므로 제조시 위생과 보관에 각별이 주의 하여야 한다.

우유 끓이기

전분, 설탕, 노른자 혼합

우유 투입

생크림
Fresh Cream

(1) 배합표

재료	사용범위(%)	비율(%)	무게(g)
생크림	100	100	500
설탕	5~20	10	50
양주	0~10	3	15

(2) 제조공정

1) 차가운 믹서 볼에 냉장 보관된 생크림(4~6℃)을 넣고 설탕을 첨가하여 혼합한 후 오버런(Over Run) 80~90% 상태로 기포한다 (기포가 지나칠 경우 분리현상이 일어날 수 있으므로 주의하여 기포한다).

2) 양주나 레몬즙 등을 첨가하여 가볍게 혼합한다.

* **오버런(Over Run)**이란 증량률로서 생크림의 기포정도를 나타내는 수치로 제품용도에 따라 수치를 달리 하며 일반적으로 60~90% 정도 상태가 일반적이다(오버런 100%는 처음 생크림 부피의 2배 정도 상태의 부피이다).

* 오버런 60~70%는 거품기로 생크림을 들어 올렸을 때 묵직하게 흘러 떨어지는 상태로 주로 무스나 바바루아 등의 제조에 사용된다.

* 오버런 70~80%는 거품기로 생크림을 들어 올렸을 때 매달려 있는 상태로서 생크림케이크나 쇼트케이크의 아이싱이나 샌드 등에 적합한 상태이다.

* 오버런 90%는 거품기로 생크림을 들어 올렸을 때 끝부분이 위로 향하는 상태이며 주로 모양깍지 등으로 짜기를 할 경우 사용된다.

07

디프로매트 크림
Diplomat Cream

(1) 배합표

A. 커스터드 크림 (Custard Cream)

재료	비율(%)	무게(g)
우유	100	1000
설탕	25	250
노른자	15	150
박력분	5	50
콘스타치	5	50
버터	5	50

B. 생크림 (Whipped Cream)

재료	비율(%)	무게(g)
생크림	100	1000
럼	5	50

(2) 제조공정

1) A.의 커스터드 크림을 제조하여 냉각시킨다. (p.212 참조)

2) B.의 생크림을 오버런 80% 정도로 기포한다.

3) 1)의 커스터드에 2)의 생크림을 나누어 넣으면서 혼합하여 크림을 완료한다.

> * 디프로매트 크림은 우유 1ℓ로 만든 커스터드 크림에 무당생크림 1ℓ를 80% 정도로 오버런을 시켜서 혼합하여 만든 크림이다.

레몬 버터크림
Lemon Butter Cream

(1) 배합표

재료	비율(%)	무게(g)
달걀	60	240
노른자	18	72
설탕	100	400
마가린	50	200
레몬	–	4(ea)
버터	100	400

(2) 제조공정

1) 볼에 전란, 노른자, 설탕, 마가린, 레몬즙을 넣어 혼합한 후 불 위에 올려 끓인 후 불에서 내려 냉각시킨다.

2) 믹서 볼에 버터를 넣어 기포한 후 냉각된 1)을 여러 차례로 나누어 투입하여 크림을 완료한다.

혼합

끓이기

폿당
Fondant

(1) 배합표

재료	비율(%)	무게(g)
설탕	100	1000
물	30	300
주석산크림	0.4	4
물엿	18	180

(2) 제조공정

1) 동 그릇에 물, 설탕, 주석산크림을 넣어 가열하여 끓인다. 설탕이 끓기 시작한 후 물엿을 넣고 116~118℃까지 끓인다.

> * 끓이는 도중 그릇에 튀어 묻은 시럽은 붓에 물을 묻혀서 닦아주어 시럽이 재결정화 되는 것을 방지한다.

2) 깨끗한 대리석 작업대 위에 새르클 틀을 올려놓고 틀 안에 시럽을 부은 후 분무기로 물을 뿌려준 후 38℃까지 냉각시킨 다음 틀을 제거한다.

3) 나무주걱 등을 이용하여 바깥쪽에서 안쪽으로 섞는 방법으로 계속 저어준다.

4) 잠시 후 설탕의 재결정화에 의해서 흰색으로 변하면서 굳어지면 한덩어리로 모아 치댄 후 밀봉하여 보관한다.

> * 시럽의 온도가 높은 상태에서 젓기 시작하면 결정이 거칠어 지며, 너무 냉각되면 굳어져 작업하기가 힘들게 된다.

(3) 사용방법

밀봉 보관한 퐁당을 손으로 잘 치대어 그릇에 넣어 40℃ 정도로 중탕 가온하여 사용하며, 퐁당의 되기 조절은 시럽(보메 30°)을 사용한다.

> * 퐁당은 프랑스어의 녹는다 (Fondre)에서 나왔고 녹기 쉬운것이라는 의미에서 이름을 붙이게 되었다. 퐁당은 페이스트리, 프티푸르, 각종 쿠키 등의 코팅 등에 사용되며 버터크림이나 쿠키배합 등에 첨가하는 등 폭 넓게 쓰이며 초콜릿, 커피, 식용색소 등을 첨가하여 사용하기도 한다.

10

글레이즈
Glaze

(1) 배합표

재료	비율(%)	무게(g)
분당	100	500
더운물	10	50
물엿	6	30
젤라틴	2	10
찬물	10	50
향	0.5	2.5

(2) 제조공정

1) 찬물에 분말 젤라틴을 넣어 20~30분 정도 불린 다음 더운물을 넣어 중탕으로 용해시킨 후 물엿을 넣고 혼합한다.

2) 체로 친 분당에 1)을 넣고 거품기를 사용하여 기포한다.

> * 기포를 하면 누런색의 젤라틴 액이 공기를 포집하여 부피가 증가하며 색이 하얀색으로 변한다.

3) 기포가 완료되면 향을 첨가하여 도넛이나 각종 쿠키 등에 사용한다.

> * 글레이즈는 용도에 따라 코코아, 초콜릿, 커피 등을 첨가하여 사용할 수 있으며 되기 조절은 중탕으로 맞추며, 굳기 정도는 젤라틴의 사용량으로 조절한다.

프랄린
Praline

(1) 배합표

재료	사용범위(%)	비율(%)	무게(g)
설탕	100	100	500
아몬드 슬라이스	50~100	50	250
물	0~20	–	–

(2) 제조공정

1) 두꺼운 그릇에 설탕을 넣고 가열한다. 잠시 후 설탕이 녹으면서 갈색이 되기 시작하면 불을 약하게 줄여준다.

2) 내열성 주걱(나무주걱) 등을 이용하여 고르게 저어 원하는 갈색이 되면 오븐에서 건조시킨 아몬드 슬라이스를 넣어 골고루 혼합한다.

3) 유지를 얇게 바른 대리석 작업대에 부어 넓게 펼친 후 냉각시킨다.

4 냉각된 3)을 두꺼운 봉투 등에 넣어 밀대 등으로 두둘겨 부숴 원하는 입자 크기로 만들어 사용한다.

> * 설탕을 캐러멜화하여 견과류(아몬드, 호두 등)를 넣어 만들며, 오스트리아, 독일에서는 크로캉트(Krokant)라고 부르지만 불어의 **프랄린**으로 통용되고 있다. 프랄린은 케이크의 표면에 묻히거나 크림 또는 가나슈 등에 사용되며, 기후 조건에 따라 배합율은 조금씩 조정하며 밀봉하거나 냉장고에 보관하는 것이 바람직하다.

아몬드 혼합

냉각하기

부수기

체치기

글라사주
Glacage

1. 다크 글라사주 (Dark Glacage)

(1) 배합표

재료	비율(%)	무게(g)
우유	45	450
생크림	100	1000
젤라틴	2.5	25
다크 초콜릿	100	1000
코팅용 초콜릿	100	1000

(2) 제조공정

1) 그릇에 우유와 생크림을 넣어 80℃까지 끓인다.

2) 물에 불린 젤라틴을 1)에 넣어 녹여 준다.

3) 코팅용 다크 초콜릿을 녹여 2)에 넣고 혼합한다.

4) 다크초콜릿을 녹여 3)에 넣고 혼합한다.

2. 화이트 글라사주 (White Glacage)

(1) 배합표

재료	비율(%)	무게(g)
우유	88	440
설탕	15	75
물엿	38	190
젤라틴	3	15
화이트 초콜릿	100	500
코팅용 초콜릿	100	500

(2) 제조공정

1) 그릇에 우유, 설탕, 물엿을 넣어 80℃ 정도로 끓여 준다.

2) 찬물에 불린 젤라틴을 1)에 넣어 녹여 준다.

3) 화이트초콜릿과 코팅용 화이트초콜릿을 녹여 2)에 넣고 혼합한다.

13

마지팬
Marzipan

아몬드와 설탕으로 만들며 비교적 장기 보존이 가능하고 반죽 등에 넣어 사용하거나 초콜릿 또는 각종 세공용으로 섬세한 모양 등을 만들어 사용하는데 아몬드와 설탕의 비율과 제조방법에 따라 다음과 같이 분류할 수 있다.

(1) 배합표

재 료	I	II	III
아몬드	100	100	100
설탕	50	100	200

1. 로-마지팬 (Raw Marzipan)

(1) 배합표

재료	비율(%)
아몬드	100
설탕	50

(2) 제조공정

1) 아몬드를 3~4시간 찬물에 담군 후 껍질을 제거하고 물기를 제거한다.

2) 아몬드와 설탕의 1/2을 넣고 잘 섞은 후 빻고 나머지 설탕을 넣으면서 롤러를 통과시킨다.

3) 다소 거칠게 된 것은 그릇에 옮겨 중탕으로 잘 저으면서 60℃ 정도로 가열한다.

4) 반죽이 건조하여 그릇의 옆면에 달라붙으면 작업대 위에 펼쳐 색이 누렇게 변하지 않도록 빠르게 냉각시킨다.

5) 냉각 후 밀봉 보관하여 사용한다.

2. 마지팬 (Marzipan)

이 마지팬은 제조 방법에 따라서 독일풍의 마지팬과 프랑스풍의 마지팬으로 나누게 된다.

* 독일의 마지팬

(1) 배합표

재료	비율(%)
로 마지팬	100
분당	100

2) 제조공정

1) 로-마지팬에 분당을 조금씩 넣어가며 혼합하여 준다.

* 프랑스풍의 마지팬

(1) 배합표

재료	비율(%)
아몬드	100
설탕	200
물	70

2) 제조공정

1) 구리그릇에 물과 설탕을 넣어 불에 올려 116~118℃까지 끓인다(끓이는 도중에 당액이 튀어 그릇 주변에 묻으면 붓에 물을 적셔 닦아 준다).

2) 1)에 아몬드를 넣어 섞어준 후에 설탕이 재결정되어 뭉쳐지면 작업대에 펼쳐 냉각시킨다.

3) 냉각시킨 2)를 롤러에 몇 번 통과시켜 윤기 있는 페이스트 상태로 만든다.

* 만델 맛세 (Mandel Masse)

(1) 배합표

재료	비율(%)
아몬드 분말	100
설탕	100

2) 제조공정

1) 아몬드 분말과 설탕을 혼합하고 롤러를 통과시켜 페이스트 상태로 만든다.

chapter
09

etc.
기타

01

치즈 케이크
Cheese Cake

(1) 배합표

재료	비율(%)	무게(g)
중력분	100	80
버터	100	80
설탕(A)	100	80
설탕(B)	100	80
달걀	300	240
크림치즈	500	400
우유	162.5	130
럼주	12.5	10
레몬주스	25	20

(2) 제조공정

1) 달걀을 노른자와 흰자로 분리한다.

※ 계량시간 내에는 달걀의 개수로 계량하며, 제조 시 흰자, 노른자를 분리한다.

2) 버터와 설탕(A), 크림치즈, 노른자를 덩어리지지 않게 크림화한다.

3) 우유, 럼, 레몬쥬스를 넣고 부드럽게 믹싱한다.

4) 흰자와 설탕(B)를 이용하여 중간피크의 머랭을 만든다.

5) 크림치즈 반죽과 머랭 1/2을 넣고 가볍게 섞고 체친가루를 넣고 섞은 후 나머지 머랭을 넣고 마무리한다(반죽온도 20℃).

6) 용기(비중컵)에 버터와 설탕을 바르고 80% 정도 팬닝한 후 중탕법으로 윗불 150℃, 아랫불 150℃ 오븐에서 50분간 굽는다.

수플레 치즈 케이크
Souffle Cheese Cake

(1) 배합표

재료	비율(%)	무게(g)
우유	100	1000
박력분	22	220
전분	2	20
치즈(체다)	25	250
생크림	32	320
노른자	33	330
버터	30	300
흰자	66	660
설탕	40	400
레몬즙	–	1(ea)

(2) 제조공정

1) 우유를 자루 냄비에 넣고 가열한 후 치즈를 나누어 투입하여 혼합한다.

2) 그릇에 박력분, 전분을 체로 친 후 1)을 투입하고 불에 올려 호화시킨다.

3) 불에서 내린 2)에 생크림을 투입하여 혼합시킨다.

4) 3)에 노른자를 투입하여 골고루 혼합한다.

5) 4)에 용해 버터를 투입하여 골고루 혼합한다.

6) 5)에 레몬즙을 투입하여 골고루 혼합한다.

7) 흰자와 설탕을 사용하여 80~90% 상태의 머랭을 제조하고 6)에 2~3회 정도 나누어 혼 합하여 반죽을 완료한다.

8) 팬닝 : 치즈케이크 팬에 종이를 깔고, 스펀지를 0.5~1cm 두께로 잘라 바닥에 깐 후 반죽을 80% 정도 넣어준다.

9) 굽기 전 충격을 가하여 표면의 기포를 제거한다.

10) 철판에 팬을 넣고 2/3 정도의 물을 부어준다.

11) 굽기 : 200/150℃에서 표면에 색이 나면 오븐의 온도를 150/160℃ 정도로 낮추어 굽는다.

12) 마무리 공정 : 제품이 구워져 나오면 옆면에 비닐띠를 두르고 표면에는 물을 넣어 끓인 살구잼이나 광택제 등을 바른 후 마무리한다.

치즈 투입

팬닝

잼 바르기

가또 위크앤드
Gâteaux Weekend

(1) 배합표

A. 아파레유 위크앤드 (Appareil weekend)

재료	무게(g)
박력분	350
베이킹파우더	10
설탕	450
레몬피	5(ea)
달걀	440
버터(용해)	450
레몬페이스트	4

B. 크렘 다망드 (Crème d'amand)

재료	무게(g)
버터	200
분당	200
아몬드 분말	200
박력분	20
달걀	200

(2) 제조공정

A. 아파레이유 위크앤드

1) 그릇에 박력분, 설탕, 베이킹파우더, 레몬 껍질을 혼합한다.
2) 1)에 달걀을 조금씩 넣으면서 가볍게 혼합한다.
3) 용해시킨 버터와 레몬페이스트를 넣어 골고루 혼합하여 반죽을 완료한다.

B. 크렘다망드

1) 그릇에 버터와 분당을 혼합한다.
2) 아몬드 분말과 박력분을 1)에 넣어 혼합한다.
3) 달걀을 나누어 투입하여 반죽을 완료시킨다.
4) A의 아파레유 위크앤드 반죽과 3)의 크렘 다망드 반죽을 혼합하여 냉장고에서 휴지시킨다(30~60분).

굽기 및 마무리공정

1) 준비된 파운드형 팬에 60~70% 정도의 반죽을 넣는다.
2) 굽기 : 온도 185/160℃, 시간 30~40분
3) 끓인 살구잼이나 광택제 등을 발라 마무리한다.

팬닝

마무리

크레프
Crepes

(1) 배합표

재료	비율(%)	무게(g)
박력분	100	300
달걀	120	360
설탕	50	150
버터	15	45
우유	330	990

(2) 제조공정

1) 그릇에 체로 친 박력분과 설탕을 혼합한 후 달걀을 넣어 골고루 풀어준다.

2) 버터를 용해시킨 후 1)에 넣고 골고루 혼합한다.

3) 따뜻하게 데운 우유를 3)에 넣고 골고루 혼합한다.

4) 3)의 반죽을 체로 거른 후 반죽을 완료한다.

5) 프라이팬에 일정량의 반죽을 부어 바닥면에 색이 나면 꺼내어 냉각시킨다.

6) 마무리 공정

냉각시킨 크레프를 준비한 생크림을 사용하여 얇게 샌드하고 광택제 등을 표면에 발라 마무리한다.

달걀 투입

우유 혼합

반죽 붓기

크림 샌드

05

아몬드 초콜릿 케이크
Almond Chocolate Cake

(1) 배합표

재료	비율(%)	무게(g)
초콜릿(다크)	170	680
노른자	100	400
버터	60	240
박력분	80	320
콘스타치	200	800
설탕(a)	60	240
흰자	200	800
설탕(b)	70	280

* 마무리 재료 : 버터, 아몬드

(2) 제조공정

1) 초콜릿을 잘게 자른 후 중탕으로 용해시킨다.

2) 노른자에 설탕(a)를 넣고 거품기를 사용하여 골고루 혼합한 후 유연하게 만든 버터를 넣어 혼합한다.

3) 박력분과 콘스타치를 혼합하여 체로 친 후 2)에 넣고 혼합한다.

4) 흰자와 설탕을 사용하여 90% 정도의 머랭을 제조한 후 3)에 2~3회 정도로 나누어 가볍게 혼합한다.

5) 팬닝 : 원형팬에 버터를 바르고 아몬드 슬라이스를 묻힌 후 팬용적의 70% 정도 반죽을 넣어 고르기 한다

6) 굽기 : 온도 185/160℃, 시간 30~35분

7) 마무리 공정

제품이 구워져 나오면 뒤집어 엎어 냉각시킨 후 분당을 뿌려 마무리 한다.

초콜릿 혼합

반죽 혼합

팬닝

프리앙스
Friands

(1) 배합표

재료	비율(%)	무게(g)
흰자	200	400
설탕	100	200
레몬피	–	1/2(ea)
아몬드 분말	200	400
콘스타치	15	30
분당	150	300
박력분	100	200
버터(용해)	100	200

* 마무리 재료 : 아몬드 슬라이스

(2) 제조공정

1) 믹서 볼에 흰자를 넣고 60% 정도 기포한 후 설탕을 넣어 90% 정도의 머랭을 만들고 레몬피를 혼합한다.

2) 아몬드 분말, 콘스타치, 분당을 혼합하여 체로 친 후 1)에 넣고 가볍게 혼합한다.

3) 체로 친 박력분을 2)에 넣고 혼합한 후 용해버터를 넣어 골고루 혼합하여 반죽을 완료시킨다.

4) 팬닝 : 직사각형 팬에 팬스프레드를 바르고 잘게 부순 아몬드슬라이스를 뿌리고 팬 용적의 50~60% 정도의 반죽을 짜 넣는다.

5) 굽기 : 온도 190/160℃, 시간 15~20분

반죽 제조   반죽 짜기

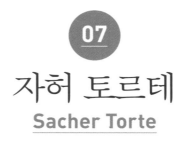

자허 토르테
Sacher Torte

(1) 배합표

A.초콜릿 버터 케이크

재료	비율(%)	무게(g)
버터	90	450
초콜릿(다크)	50	250
설탕(a)	45	225
노른자	50	250
향(바닐라)	0.6	3
흰자	100	500
설탕(b)	45	225
박력분	100	500

B. 코팅용 초콜릿

재료	비율(%)	무게(g)
설탕	250	1000
물	100	400
초콜릿(다크)	30	120
초콜릿(비터)	100	400

(2) 제조공정

A.초콜릿 버터 케이크

1) 믹서 보에 버터를 넣고 유연하게 만든 후 용해시킨 초콜릿을 넣어 골고루 혼합하고 설탕 (a)를 투입하여 기포한다.

2) 노른자를 1)에 조금씩 넣으면서 기포하고 향을 첨가하여 크림을 만든다.

3) 다른 믹서 볼에 흰자와 설탕을 사용하여 머랭을 제조한 후 1/3 정도의 머랭을 2)에 넣고 혼합한다.

4) 박력분을 체로 친 후 3)에 넣고 혼합한 후 나머지 2/3의 머랭을 넣어 가볍게 혼합하여 반죽을 완료한다.

5) 팬닝 : 원형팬에 종이를 깔고 팬용적의 70% 정도 반죽을 넣어 굽는다.

6) 굽기 : 온도 185/160℃, 시간 25~30분

B. 코팅용 초콜릿

1) 초콜릿을 잘게 잘라 놓는다.

2) 그릇에 물, 설탕, 잘게 자른 초콜릿을 넣어 불에 올려 108℃ 정도까지 끓인다.

3) 대리석 작업대 위에 2)의 초콜릿을 1/3정도 부어 L자형 팔레트를 사용하여 얇게 펴면서 냉각시킨 후 나머지 초콜릿에 넣어 혼합하는 방법으로 코팅하기 알맞은 상태의 되기로 만든다.

마무리 공정

1) 냉각시킨 초콜릿 버터 케이크를 2단으로 슬라이스한다.

2) 살구잼을 유연하게 만든 후 샌드 및 아이싱을 한다

3) 코팅용 초콜릿을 사용하여 코팅한다.

4) 제품의 윗면에 자허(Sacher)라고 써 놓는다 (오스트리아 요리사인 Sacher가 개발).

팬닝

슬라이스

살구잼 샌드 및 아이싱

초콜릿 코팅

피낭시에
Financier

(1) 배합표

재료	비율(%)	무게(g)
아몬드 분말	100	100
설탕	300	300
흰자	250	250
박력분	100	100
버터	325	325
소금	1	1
바닐라 향	0.5	0.5

(2) 제조공정

1) 스텐렌스 볼에 아몬드 분말, 박력분, 설탕, 소금을 넣고 고르게 혼합한다.

2) 1)에 흰자를 2~3회 나누어 넣으면서 고르게 저어준다.

3) 용해버터를 2)에 넣고 고르게 혼합하여 반죽을 완료시킨다.

> * 버터를 은근한 불에 올려 맥주색 정도로 태워 거른 후 사용하면 특유의 향을 얻을수 있다.

4) 랩이나 비닐 등으로 밀봉하여 냉장 숙성시킨다.

5) 팬닝 : 피낭시에 팬에 버터를 바르고 밀가루를 뿌린 후 털어낸다. 팬용적의 70~80% 정도 반죽을 넣는다.

6) 굽기 : 온도 190/160℃, 시간 15~20분

7) 마무리공정 : 제품을 구워낸 후 뒤집어 엎어서 냉각시키고, 각종 술이나 시럽 등을 발라준 후 밀봉 포장한다.

반죽 제조

팬닝

딸기 젤리
Strawberry Jelly

(1) 배합표

재료	비율(%)	무게(g)
딸기 퓨레	100	250
팩틴	3	7.5
설탕(a)	20	50
설탕(b)	80	200
물엿	40	100
주석산	1	2.5
물	1	2.5

(2) 제조공정

1) 설탕(a)에 팩틴을 넣어 고르게 혼합한다.

2) 구리그릇에 딸기 퓨레를 넣고 불에 올려 40℃ 전후가 되면 1)의 설탕을 넣어 끓인다.

3) 2)에 설탕(b)를 넣고 끓이면서 설탕이 녹으면 물엿을 넣고 끓여 106℃가 되면 물에 녹인 주석산을 넣어 섞어 준다.

4) 준비한 1cm 높이의 사각틀에 3)을 부어준 다음 실온에서 1~2시간 정도 굳힌다.

5) 마무리공정 : 굳힌 젤리의 틀을 제거하고 앞면과 뒷면에 설탕을 고르게 묻힌 후 3×3cm 정도의 크기로 잘라 다시한번 설탕을 묻혀 마무리한다.

설탕 투입 및 끓이기

팬닝

설탕 묻히기

자르기

10

케이크 도넛
Cake Doughnuts

(1) 배합표

재료	사용범위(%)	비율(%)	무게(g)
달걀	30~50	40	400
설탕	20~60	45	450
소금	1~2	1	10
바닐라향	0~1	0.2	2
버터	5~20	15	150
중력분	100	100	1000
베이킹파우더	2~4	3	30
탈지분유	2~5	4	40
넛메그	0~1	0.4	4

(2) 제조공정

1) 믹서 볼에 달걀을 넣고 풀어준 후 설탕, 소금을 넣어 기포한 후 향을 첨가한다.

2) 버터를 용해시켜 1)에 넣고 골고루 혼합한다.

3) 박력분, 탈지분유, 베이킹파우더, 넛메그를 혼합하여 체로 쳐서 2)에 넣고 가볍게 혼합하여 반죽제조를 완료시킨 후 10분 정도 휴지시킨다.

4) 밀어펴기 및 정형 : 작업대 위에 면포를 깔고 덧가루를 뿌려준 후 가볍게 치댄 반죽을 밀대를 사용하여 두께 0.8~1.2cm로 밀어 펴기를 하고, 도넛 커터를 사용하여 정형 후 나무판에 나열시킨 다음 천이나 비닐 등으로 덮어 휴지시킨 후 튀긴다.

> * 커팅 후 남은 반죽은 휴지후 다시 뭉쳐서 사용한다.

5) 튀김 : 기름온도 180-185℃, 시간 4~6분

6) 마무리 공정

제품의 튀김이 끝나면 따뜻할 때 계피설탕을 묻히거나 냉각시킨 후 초콜릿, 글레이즈 등을 사용하여 마무리한다.

밀어 펴기

커팅

튀김

계피설탕 묻히기

두부 스낵
Bean Curd Snack

(1) 배합표

재료	비율(%)	무게(g)
두부	40	200
달걀	18	90
설탕	30	150
소금	2	10
생강즙	1	5
검정깨	8	40
강력분	70	350
중력분	30	150

(2) 제조공정

1) 그릇에 두부를 넣어 으깨준 후 달걀, 설탕, 소금, 검정깨, 생강즙을 넣고 골고루 혼합한다.

2) 밀가루를 체질한 후 2)에 넣고 혼합하여 반죽을 한덩어리로 만들어 20~30분 정도 휴지시킨다.

> * 반죽을 너무 오래하면 탄성이 생겨 밀어펴기할 때 수축이 심하므로 반죽에 주의한다.

3) **밀어펴기 및 커팅** : 반죽을 달걀 1~2개 크기 정도로 분할한 후 덧가루를 뿌린 작업대 위에서 밀대를 사용하여 0.1cm 정도의 두께로 가급적 얇게 밀어편 후 자와 도르래 칼을 사용하여 1.5㎝×4㎝ 크기의 다이아몬드형으로 자른다.

4) **튀김** : 기름온도 185~190℃,
튀김시간 3~4분

> * 연한 갈색으로 튀긴다.
> * 튀김이 끝난 후 따뜻할 때 소금 또는 설탕을 뿌려주기도 한다.

두부 으깨기

자르기

튀김

소금 뿌리기

호두 튀김
Deep-Fried Walnut

(1) 배합표

재료	비율(%)	무게(g)
호두	100	300
설탕	60	180
물엿	20	60
물	20	60

(2) 제조공정

1) 호두를 물에 삶아 체로 받쳐 놓는다.

2) 손잡이 냄비에 물, 물엿, 설탕을 넣고 끓여 청을 잡은 후 호두를 넣어 섞어 체로 받쳐둔다.

3) 튀김기름을 140~150℃로 예열 하여 2)의 호두를 넣어 튀겨낸 후 냉각시킨다.

호두 삶기

시럽 혼합

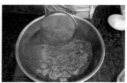

튀김

밤과자
Chestnut Manjoo

* 토핑용 재료

재료	분량
캐러멜 색소, 노른자	약간
깨	약간

(2) 제조공정

1) 볼에 달걀을 넣고 거품이 일지 않도록 골고루 풀어준다.

2) 설탕, 물엿, 소금, 버터, 연유를 넣고 중탕으로 저어준 후 설탕입자와 버터가 완전히 용해될 수 있도록 천천히 저어준다.

3) 20℃까지 냉각시킨다.

4) 박력분과 베이킹파우더를 체 친 후 ③에 넣고 나무주걱으로 가볍게 섞어준다.

5) 약간의 덧가루를 작업대에 뿌리고 ④를 치대어 한 덩어리로 만든다.

※ 반죽은 앙금되기 정도가 되도록 치댄다.

6) 냉장 또는 실온에서 20분간 휴지를 시킨다.

7) 반죽을 20g씩 분할해 둥글린 다음 흰 앙금을 45g 정도 싼다.

8) 밤 모양으로 성형한다.

9) 바닥에 물을 묻힌 후 깨를 묻힌다.

10) 철판에 늘어놓고 물을 뿌린 후 건조시켜 캐러멜 색소와 노른자를 섞어 만든 용액을 2번 반복해서 칠해 밤 색깔을 낸다.

11) 윗불 190~200℃, 아랫불 150℃ 오븐에서 20~25분간 굽는다.

(1) 배합표

재료	비율(%)	무게(g)
박력분	100	300
달걀	45	135
설탕	60	180
물엿	6	18
연유	6	18
베이킹파우더	2	6
버터	5	15
소금	1	3
흰 앙금	525	1575
참깨	13	39

초콜릿 만주
Chocolate Manjoo

(1) 배합표

재료	무게(g)
연유	375
달걀	55
노른자	36
베이킹파우더	10
초콜릿	20
박력분	380
코코아	20

* 마무리 재료 : 흰 앙금, 코팅용 초콜릿

(2) 제조공정

1) 그릇에 연유, 달걀, 노른자, 베이킹파우더를 넣어 나무주걱을 이용하여 골고루 혼합한다.
2) 용해시킨 초콜릿을 1)에 넣어 골고루 혼합한다.
3) 박력분과 코코아를 골고루 혼합하여 체질한 후 2)에 넣어 매끄럽게 혼합한다.
4) 작업대 위에 덧가루를 뿌린 후 반죽을 올려 치대기를 하여 반죽의 되기를 조절한다.

5) 반죽을 20g 정도로 분할 한후 40g 정도의 흰앙금을 싸서 철판에 올려 놓는다.
6) 제품의 표면에 물을 분무하여 휴지(15~20분)시키고 굽는다.
7) 굽기 : 온도 190/150℃, 시간 15~20분
8) 마무리 공정 구운 제품을 완전하게 냉각시킨 후 코팅초콜릿을 녹여 제품 표면의 1/3 정도를 코팅하여 마무리한다.

반죽 제조

분할

앙금 싸기

초콜릿 코팅

찹쌀 도넛
Glutinous Rice Doughnut

(1) 배합표

재료	비율(%)	무게(g)
찹쌀가루	85	510
중력분	15	90
설탕	15	90
소금	1	6
베이킹파우더	2	12
베이킹소다	0.5	3
쇼트닝	6	36
물	22~26	132~156
팥앙금	110	660
설탕	20	120

(2) 제조공정

1) 체 친 가루재료와 모든 재료를 한꺼번에 믹서 볼에 넣고 끓인 물을 넣어 반죽이 균일하게 혼합될 때까지 익반죽한다.

2) 40g씩 분할한 다음 둥글리기 한다.

3) 분할한 반죽에 팥앙금을 30g씩 넣어 싸준다.

4) 튀김기에 기름이 180~190℃가 되면 불을 끄고 반죽을 넣는다.

5) 도넛이 기름 위로 올라오면 불을 키고 망을 사용하여 원형으로 돌려주며 황금색이 날 때까지 튀긴다.

6) 냉각 후 설탕을 묻힌다.

16

멥쌀 스펀지 케이크
Noglutinous Rice Sponge Cake

(1) 배합표

재료	비율(%)	무게(g)
멥쌀가루	100	500
설탕	110	550
달걀	160	800
소금	0.8	4
바닐라향	0.4	2
베이킹파우더	0.4	2

(2) 제조공정(공립법)

1) 믹서볼에 달걀을 넣고 거품기로 풀어준 다음 설탕, 소금을 넣고 섞은 후 바닐라향을 넣고 저속-중속-고속-중속으로 기포가 균일해지도록 믹싱한다.

2) 멥쌀가루와 베이킹파우더를 함께 체 쳐 넣고 가볍게 혼합한다.

3) 팬에 유산지를 알맞게 재단해 깔고 반죽을 60%정도 넣고 표면을 고르게 한다음 가볍게 탭핑해 기포를 제거한다(반죽온도 25℃).

4) 윗불 175℃, 아랫불 170℃ 오븐에서 25~30분 동안 굽는다.

옥수수 스콘 Ⅱ
Corn Scon Ⅱ

(1) 배합표

재료	비율(%)	무게(g)
강력분	100	600
옥수수 분말	75	450
설탕	25	150
버터	35	210
소금	1.5	9
베이킹파우더	8	48
달걀	80	480
우유	62	372
스위트 콘	15	90

(2) 제조공정

1) 믹서 볼에 스위트콘을 제외한 전재료를 넣고 훅을 사용하여 가볍게 혼합한다.

2) 마지막 단계에서 스위트콘을 투입하고 골고루 혼합하여 반죽을 완료한다.

3) 2)의 반죽을 80g 정도로 분할하여 정형한 후 팬닝한다.

4) 정형한 제품의 표면에 칼로 가르기를 하고 버터를 짜넣은 후 노른자를 칠한다.

5) 굽기 : 온도 190/150℃, 시간 15~20분

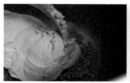

반죽 제조

가르기

버터 짜기

노른자 칠

18

감 화과자

(1) 배합표

용도별	재료	비율(%)	무게(g)
떡 껍질 (찰편)	찹쌀파우더	100	600
	더운물	45~55	270~330
	흰자	24	144
	설탕	180	1080
장식용 양갱	물	340	2040
	한천	7	42
	설탕	24	144
	흰앙금	165	990
	적색3호	–	적당량
	황색3호	–	적당량
앙금	흰앙금	700	4200

(2)제조공정

공정	내용
1. 떡껍질 익히기	① 찹쌀파우더에 더운물을 조금씩 넣으면서 덩어리 상태의 반죽을 만든다.
	② 익히기에 알맞은 크기로 분할한다.
	③ 끓는 물에 넣어 완전히 익힌다.
2. 머랭 만들기	① 다른 용기에 흰자를 넣고 거품기를 사용하여 60% 정도로 거품을 올린다.
	② 설탕을 조금씩 넣으면서 85% 정도의 머랭을 만든다.
3. 찰편 만들기	① 더운물에 받쳐서 굳지 않도록 보온(保溫)한 익힌 반죽을 사용한다.
	② 나무주걱으로 계속 저으면서 매끄러운 상태의 찹쌀떡 반죽을 만든다.
	③ 머랭을 수회로 나누어 넣으면서 균일한 반죽으로 만든다.
4. 찰편을 분할하기	① 반죽을 원기둥 모양으로 만들고 왼손으로 눌러 일정한 양이 잘라지도록 조정한다.
	② 오른손 엄지와 검지로 반죽을 자르는데 균일한 중량이 되도록 한다.
5. 앙금 싸기	① 왼손의 손가락을 모아 떡반죽을 둥글게 만들어 편다.
	② 떡반죽의 가운데에 앙금을 올려놓는다. (떡반죽 : 앙금 = 1 : 2)
	③ 오른손의 엄지로 앙금을 눌러주면서 반죽을 고르게 늘리면서 싼다.
6. 껍질용 양갱	① 한천을 하루 전에 물에 담가두었다 잘 씻어 불에 올려 끓인다.
	② 한천이 완전히 용해되면 설탕을 넣고 끓인다.
	③ 여기에 흰앙금을 넣고 끓인다.
	④ 이 양갱이 감의 색상이 되도록 착색하고 얇게 펴서 굳힌 후 감 모양으로 만든다. (잎사귀용도 제조한다.)
7. 감잎과 꼭지	① 녹색 양갱을 만들어 감잎을 붙인다.
	② 앙금과 코코아로 꼭지를 만든다.
8. 완제품 제조	① 감의 전체 모양을 잡는다.
	② 감의 잎과 꼭지를 다듬는다.

앙금 싸기

껍질용 양갱 만들기

감모양 만들기

감잎 만들기

19

장미 화과자

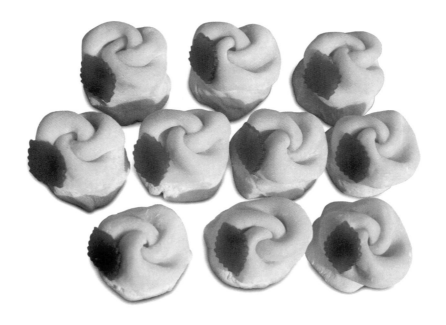

(1) 배합표

용도별	재료	비율(%)	무게(g)
떡 껍질 (찰편)	찹쌀 파우더	100	600
	더운물	45~55	270~330
	흰자	24	144
	설탕	180	1080
	적색3호	–	적당량
장식용 양갱	물	83	498
	한천	1.7	10.2
	설탕	6	36
	적앙금	42	252
앙금	적앙금	708	4248

(2)제조공정

공정	내용
1. 떡껍질 익히기	① 찹쌀파우더에 더운물을 조금씩 넣으면서 덩어리 상태의 반죽을 만든다.
	② 익히기에 알맞은 크기로 분할한다.
	③ 끓는 물에 넣어 완전히 익힌다.
2. 머랭 만들기	① 다른 용기에 흰자를 넣고 거품기를 사용하여 60% 정도로 거품을 올린다.
	② 설탕을 조금씩 넣으면서 85% 정도의 머랭을 만든다.
3. 찰편 만들기	① 더운물에 받쳐서 굳지 않도록 보온(保溫)한 익힌 반죽을 사용한다.
	② 머랭을 3회로 나누어 넣으면서 계속 치대어 찹쌀떡 반죽을 만든다.
	③ 적색3호를 적당량 넣어 용도에 맞게 분홍색 반죽을 만든다.
4. 장미 모양 만들기	① 반죽을 원기둥 모양으로 만들고 왼손으로 눌러 일정한 양이 잘라지도록 조정하여 분할한다.
	② 왼손에 떡반죽을 펴서놓고 가운데에 앙금을 올려 오른손으로 앙금의 가장자리를 싼다.
	③ 80% 정도로 포앙이 되면 엄지와 검지로 반죽의 윗부분을 오므린다.
	④ 엄지, 검지, 중지의 세 손가락을 사용하여 〈장미모양〉으로 정형한다.
5. 장식용 양갱	① 한천을 하루 전에 물에 담가두었다 잘 씻어 불에 올려 끓인다.
	② 한천이 완전히 용해되면 설탕을 넣고 끓인다.
	③ 여기에 적앙금을 넣고 끓인다.
	④ 장식용 장미 잎을 만들기에 맞는 두께로 밀어 편다.
	⑤ 냉각 후 장미 잎 모양깍지로 찍어낸다.
6. 완제품 제조	① 장미꽃의 전체 모양을 잡는다.
	② 장미 잎을 붙여 완성한다.

앙금 싸기

장미 모양 만들기

장식용 양갱 굳히기

장미잎 찍어내기

20

다쿠아즈
Dacquoise

(1) 배합표

A. 다쿠아즈

재료	비율(%)	무게(g)
달걀 흰자	100	330
설탕	30	99
아몬드 분말	60	198
분당	50	165
박력분	16	52.8
샌드용 크림	66	217.8

B. 캐러멜 버터크림

재료	비율(%)	무게(g)
무염버터	100	400
설탕	50	200
생크림	25	100
물	15	60

(2) 제조공정

A. 다쿠아즈

1) 흰자를 믹서 볼에 넣고 60% 상태까지 휘핑한 다음 설탕을 조금씩 넣으면서 100%의 머랭을 만든다.

2) 함께 체 친 아몬드파우더와 슈거파우더, 박력분을 ①의 머랭과 섞는다(머랭은 1/3 정도를 먼저 섞은 다음 나머지를 넣어 섞는다).

3) 짤주머니에 반죽을 채운 다음 다쿠아즈틀에 짠다.

4) 스패튤러를 이용해 윗면을 고른 다음 슈거파우더를 뿌린다.

5) 윗불 200℃, 아랫불 160℃의 오븐에서 10~12분간 굽는다..

6) 캐러멜 크림을 다쿠아즈 2장 사이에 짜서 완성한다(슈거파우더가 뿌려진 면이 겉이 되도록 한다). ※ 시험장에서 크림 제공

B. 캐러멜 버터크림

1) 설탕과 물을 함께 끓여 진한 색의 캐러멜을 만든다.

2) 캐러멜이 뜨거울 때 따뜻한 생크림 원액을 넣으면서 나무주걱으로 골고루 섞은 후 식힌다.

3) 부드럽게 만든 버터를 ②와 섞어 크림상태로 만든다.

반죽 제조

반죽 넣기

고르기

분당 뿌리기

21

카르디날 슈니텐
Kardinal Schnitten

(1) 배합표

재료	비율(%)	무게(g)
흰자	100	500
설탕(a)	70	350
달걀	60	300
노른자	25	125
설탕(b)	26	130
중력분	26	130

* 충전용 크림 배합

재료	비율(%)	무게(g)
생크림	100	500
설탕	8	40
젤라틴	2	10
물	15	75
커피	3	15

(2) 제조공정

1) 믹서 볼에 흰자와 설탕(a)를 사용하여 90% 정도의 머랭을 만든다.

2) 1)의 머랭을 원형 모양깍지(Ø2㎝)를 끼운 짤주머니에 넣고 종이를 깐 평철판 위에 2cm의 간격을 유지하여 가로로 3줄을 짠다.

3) 다른 믹서 볼에 달걀, 노른자, 설탕(b)와

중력분을 이용하여 스펀지 케이크 반죽을 만들어 짤주머니에 넣은후 2)의 간격 사이에 두 줄씩 가로로 짠다.

4) 3)의 반죽 윗면에 분당을 골고루 뿌린 후 굽는다.

5) 굽기 : 온도 180/160℃   시간 20~25분

충전용 크림 제조

1) 찬물에 불린 젤라틴을 중탕으로 용해한 후 소량의 물이나 술에 용해시킨 커피를 혼합한다.

2) 생크림에 분당을 넣어 80~90% 정도로 기포한다.

3) 2)의 생크림에 1)을 넣어 골고루 혼합한다.

마무리 공정

냉각시킨 스펀지를 종이에서 떼어낸 후 밑면에 크림을 짠 후 다른 한 장의 스펀지를 덮어 완성 시킨 후 냉동고에 넣어 굳힌 후 절단한다.

머랭 짜기

스펀지 짜기

분당 뿌리기

샌드 하기

22

노르망디
Normande

(1) 배합표

재료	비율(%)	무게(g)
박력분	100	500
베이킹파우더	2	10
버터	155	775
분당	28	140
노른자	90	450
바닐라 향	1	5
흰자	80	400
설탕	43	215
밤(당조림)	100	500
다크 초콜릿	28	140
로-마지팬	210	1050

(2) 제조공정

1) 마지팬에 노른자를 조금씩 넣으면서 알갱이가 생기지 않도록 매끄럽게 풀어준다.

2) 버터와 분당을 혼합하여 부드럽게 기포한다.

3) 1)에 2)를 넣어 가볍게 기포한다.

4) 다른 믹서 볼에 흰자를 넣고 60% 정도로 기포한 후 설탕을 넣으면서 80~90% 정도의 머랭을 만든다.

5) 3)에 4)의 머랭 1/2을 넣고 가볍게 혼합한다.

6) 박력분, 베이킹파우더를 혼합하여 체질한 후 5)에 넣고 매끄럽게 혼합한다.

7) 다크 초콜릿과 따로 고르게 다진 밤을 6)에 넣고 골고루 혼합한다.

8) 7)에 나머지 머랭을 넣고 혼합하여 반죽을 완료시킨다.

9) 팬닝 : 평철판에 나무틀을 올려 종이를 깐 후 반죽을 넣고 윗면을 고른다.

10) 굽기 : 온도 170/160℃, 시간 60~80분

11) 마무리공정

제품이 구워져 나오면 나무판이나 냉각 팬 등에 엎어 놓고 나무틀을 제거하여 충분히 냉각시키고, 제품의 표면에 브랜디나 럼 등을 뿌려 적당한 크기로 재단한 후 포장한다.

반죽 제조

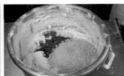

충전물 투입

팬닝

자르기

가또 쇼콜라
Gâteaux Chocolat

(1) 배합표

재료	비율(%)	무게(g)
박력분	20	120
코코아	5	30
다크 초콜릿	100	600
버터	65	390
노른자	36	216
설탕	45	270
흰자	72	432

(2) 제조공정

1) 그릇에 잘게 자른 초콜릿을 넣어 중탕으로 녹인 다음 버터를 넣어 용해시킨다.

2) 1)에 노른자를 넣어 혼합한다.

3) 흰자와 설탕을 사용하여 머랭를 제조한 후 2)에 1/3을 넣어 혼합한다.

4) 박력분과 코코아를 체질하여 3)에 넣고 혼합한다.

5) 4)에 나머지 2/3의 머랭을 넣고 혼합하여 반죽을 완료한다.

6) 팬닝 : 원형팬에 종이를 깐 후 팬용적의 60% 정도 반죽을 넣는다.

7) 굽기 : 온도 180/160℃, 시간 25~35분

8) 마무리 공정 : 제품을 냉각시킨 후 제품의 표면에 분당을 뿌려 마무리한다.

용해 버터 투입

머랭 혼합

팬닝

분당 뿌리기

24

가또 바스크
Gâteaux Basque

(1) 배합표

재료	비율(%)	무게(g)
박력분	100	200
아몬드 분말	165	330
베이킹파우더	3	6
버터	225	450
설탕(a)	100	200
소금	1	2
레몬피	2	4
달걀	360	720
설탕(b)	75	150

* 커스터드 크림(Custard Cream)

재료	비율(%)	무게(g)
우유	100	600
설탕	20	120
노른자	18	108
박력분	5	30
콘스타치	5	30
바닐라 향	0.3	1.8

* 마무리재료 : 파인애플, 체리, 레몬시럽

(2) 제조공정

1) 그릇에 버터를 넣고 거품기를 사용하여 유연하게 만든 후 설탕(a), 소금을 넣어 크림상태로 만든다.

2) 노른자를 1)에 조금씩 넣으면서 부드러운 크림상태로 만든 후 레몬껍질을 첨가하여 골고루 혼합한다.

3) 다른 믹서 볼에 흰자를 넣고 거품기를 사용하여 60% 정도로 기포한 후 설탕(b)를 투입하여 90% 정도의 머랭을 만들고 전체 머랭 중 1/2 정도를 2)에 넣고 혼합한다.

4) 박력분, 아몬드 분말, 베이킹파우더를 혼합하여 체로 친 후 3)에 넣고 매끄럽게 혼합한 후 나머지 1/2의 머랭을 고루 혼합하여 반죽을 완료 시킨다.

5) 팬닝 : 원형팬의 측면에 팬 스프레드를 바르고 바닥에는 위생종이를 깐 후 짤주머니에 원형 모양깍지(Ø1cm)를 끼우고 반죽을 넣어 바닥에 나선형 모양으로 반죽을 짠다.

다른 짤주머니에 원형 모양깍지를 끼우고 커스커드 크림을 넣은 후 반죽의 윗면에 팬의 크기보다 2~3cm정도 작게 짜준다.

물기를 제거한 파인애플과 체리 자른 것을 커스터드 크림 윗면에 보기 좋게 올려준 후 4)의 반죽을 다시 나선형으로 돌려 짠 후 윗면을 평평하게 고른다.

6) 굽기 : 온도 180/160℃, 시간 30~35분

7) 마무리공정

제품을 구워낸 직후 레몬시럽을 충분히 발라주고 냉장고에 넣어 충분히 냉각시킨 후 조각 형태로 자른다.

25

마블 쇼콜라
Marble Chocolat

(1) 배합표

재료	비율(%)	무게(g)
박력분	100	500
설탕	105	525
흰자	150	750
유화제	7	35
베이킹파우더	1	5
브랜디	20	100
버터	50	250
코코아	3	15
식용유	5	25

(2) 제조공정

1) 믹서 볼에 흰자, 설탕, 유화제를 넣어 골고루 혼합한 후 80% 상태 정도의 머랭을 만든다.

2) 박력분, 베이킹파우더를 혼합하여 체로친 후 1)에 넣고 골고루 혼합한다.

3) 용해버터와 브랜디를 혼합하여 2)에 넣고 혼합한 후 코코아와 식용유를 섞어 반죽 윗면에 부어 3~4회정도 가볍게 휘젓기를 하여 마블 상태의 반죽을 완료시킨다.

4) 팬닝 : 평철판에 나무틀을 놓고 종이를 깐 후 반죽을 부어 고르기 한다.

5) 굽기 : 온도 170/160℃, 시간 50~60분

6) 마무리공정

제품이 구워져 나오면 뒤집어 엎어 놓고 나무틀을 빼낸 후 충분히 냉각시키고 제품의 윗면에 버터크림을 얇게 바른 후 코팅용 초콜릿 등으로 코팅한 다음 화이트 초콜릿을 이용하여 무늬를 내어준다.

팬닝

초콜릿 코팅

무늬 넣기

자르기

프랑크 푸르터 크란츠
Frank Furter Kranz

(1) 배합표

* 버터 스펀지 (Btter Sponge)

재료	비율(%)	무게(g)
달걀	220	1100
설탕	120	600
소금	2	10
레몬피	4	20
바닐라 향	1	5
박력분	100	500
콘스타치	100	500
버터	100	500

* 마무리 재료 : 당절임 체리

* 버터크림 (Butter Cream)

재료	비율(%)	무게(g)
버터	75	750
쇼트닝	25	250
노른자	27	270
설탕	50	500
물	15	150
럼	5	50

* 크로캉트 (Krokant)

재료	비율(%)	무게(g)
설탕	100	300
아몬드 슬라이스	50	150

(2) 제조공정

* 버터스펀지 (공립법)

1) 달걀, 설탕, 소금, 레몬껍질, 바닐라 향을 넣어 중탕한 후 기포한다.

2) 박력분, 전분을 체질한 후 1)에 넣어 가볍게 혼합한다.

3) 용해버터(60℃)를 2)에 투입하여 골고루 혼합한다.

4) 팬닝 : 엔젤형 팬에 버터를 바르고 밀가루를 뿌린 후 털어 내어 반죽을 넣는다.

5) 굽기 : 온도 180/160℃, 시간 25~30분

* 버터크림

1) 물에 설탕을 넣어 114~118℃ 정도까지 끓인다.

2) 노른자를 기포하여 뜨거운 상태의 1)을 혼합한 후 냉각시킨다.

3) 믹서 볼에 유지를 넣고 기포한 후 냉각시킨 2)를 혼합한다.

4) 럼을 첨가하여 혼합한다.

* 크로캉트

1) 설탕을 태워 캐러멜화한다.

2) 오븐에 데운 아몬드를 1)에 넣고 섞은 후 기름을 얇게 바른 대리석판에 넓게 펴준 후 냉각시킨다.

3) 냉각시킨 2)를 밀대 등을 사용하여 잘게 부셔서 사용한다.

마무리 공정

1) 냉각시킨 스펀지를 3단으로 슬라이스하여 샌드하고 아이싱한다.

2) 잘게 부순 크로캉트를 1)의 표면에 고르게 묻힌다.

3) 당절임 체리의 물기를 제거하고 윗면에 데커레이션한다.

아이싱

고르기

크로캉트 묻히기

27

마스카르포네 디저트
Mascarpone dessert

(1) 배합표

용도별	재료	비율(%)	무게(g)
비스퀴 쌍파린	흰자	150	300
	설탕	150	300
	노른자	100	200
	코코아	45	90
마스카르포네 무스	노른자	28	105
	설탕 A	16	60
	설탕 B	16	60
	물	32	120
	마스카르포네	–	적당량
	치즈	100	375
	젤라틴	4	15
모카무스	생크림	100	250
	설탕(분당)	8	20
	다크 초콜릿	20	50
	커피 분말	2.4	6
	물	4	10
시럽	원두커피	100	50
	깔루아(커피)	50	25
	아마레또 (살구)	50	25
	설탕시럽(1:1)	50	25
	커피 엑기스	10	5
마무리	투명 광택제	–	200
	커피 엑기스	–	20
	장식물	–	적당량

무스 반죽

마스카르포네 무스 짜넣기

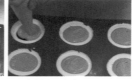

쌍파린 시트 넣기

모카 무스 짜기

쌍파린 시트 덮기

광택제 코팅

(2)제조공정

공정	내용
1) 비스퀴 쌍파린 만들기	① 거품기로 노른자를 풀어준다.
	② 머랭을 만든다.
	* 거품기로 흰자를 휘저어 50% 정도의 거품을 만든다. * 설탕을 넣으면서 90% 정도의 머랭을 만든다.
	③ ①의 노른자에 머랭을 혼합한다.
	④ 코코아를 투입하고 가볍게 섞는다.
	⑤ 평철판에 팬닝하고 굽는다. (오븐온도=230/180℃)
	⑥ 냉각시켜 사용한다.
2) 마스카르포네 무스 만들기	① 노른자를 풀고 설탕 A를 넣어 혼합한다.
	② 물에 설탕 B를 넣고 끓인다. ①의 노른자에 넣고 중탕으로 저어주면서 85℃까지 가온한다.
	③ 젤라틴을 중탕으로 녹여 둔다.
	④ 마스카르포네 치즈를 부드럽게 만든 후 ②의 노른자와 ③의 젤라틴을 넣고 혼합한다.
	⑤ 생크림을 80% 정도로 기포하고 ④와 혼합한다.
3) 모카 무스 만들기	① 물을 끓이고 커피를 넣어 섞는다.
	② 잘게 다진 다크초콜릿에 ①을 넣고 섞는다.
	③ 생크림과 설탕을 80% 정도로 기포하여 ②와 잘 혼합한다.
4) 커피 시럽 만들기	① 원두커피에 설탕시럽을 혼합한다.
	② ①에 커피 엑기스와 리큐르를 넣고 혼합한다.
5) 전체 공정	① 반구형 틀에 마스카르포네 무스를 1/2 정도 넣고 숟가락 등을 사용하여 틀의 윗부분까지 무스를 바른다.
	② 팬의 중앙에 맞도록 쌍파린 시트를 재단하여 시럽을 바르고 ①의 무스 위에 놓는다.
	③ 시트 위에 모카 무스를 틀 높이의 2/3 정도 채운다.
	④ 빈 곳에 마스카르포네 무스를 채운다.
	⑤ 팬 위에 시럽을 바른 쌍파린 시트를 크기에 맞도록 재단하여 덮고 냉각한다.
	⑥ 완전히 냉각되면 틀에서 꺼내고 커피로 착색한 투명 광택제로 코팅한다.
	⑦ 필요한 장식을 한다(완제품 참조).

피스타치오 디저트
Pistachio dessert

(1) 배합표

용도별	재료	비율(%)	무게(g)
비스퀴 조콩드	전란	100	200
	T.P.T.	155	310
	흰자	75	150
	설탕	18	36
	박력분	25	50
	버터	15	30
피스타치오 무스	우유	100	150
	설탕(a)	18	27
	바닐라 빈	–	1개
	설탕(b)	18	27
	노른자	30	45
	피스타치오 페이스트	40	60
	젤라틴	4	6
	생크림	275	412.5
충전용 가나슈	생크림	100	100
	트리몰린	20	20
	다크 초콜릿	125	125
	버터	30	30
시럽	설탕 시럽(1:1)	100	75
	물	100	75
	쿠앵트로(술)	40	30
마무리	투명 광택제	–	200
	황색색소	–	소량
	장식물	–	적당량

조콩드 준비

조콩드 넣기

무스 짜넣기

가나슈 짜넣기

무스 채우기

조콩드로 덮기

(2)제조공정

공정	내용
1) 비스퀴 조콩드 만들기	① 거품기를 사용하여 전란을 풀어놓고 T.P.T.를 넣어 믹싱한다.
	② 머랭을 만든다.
	* 거품기로 흰자를 휘저어 50% 정도의 거품을 만든다. * 설탕을 넣으면서 80% 정도의 머랭을 만든다.
	③ ①의 전란반죽에 머랭의 1/2 정도를 넣고 섞는다.
	④ 여기에 박력분을 넣고 가볍게 혼합한다.
	⑤ 녹인 버터를 혼합한 후 나머지 머랭을 섞는다.
	⑥ 평철판에 팬닝하고 잘게 자른 다크초콜릿을 뿌린다.
	⑦ 오븐(230/180℃)에 넣어 굽는다.
	⑧ 냉각시켜 사용한다.
2) 피스타치오 무스 만들기	① 노른자와 설탕 B를 혼합한다.
	② 우유와 설탕 A에 바닐라 빈을 넣어 끓이고 ①에 넣으면서 계속 저어 〈앙글레이즈〉 소스를 만들고 체에 거른다.
	③ 부드럽게 만든 피스타치오 페이스트에 ②를 넣고 고루 혼합한다. 중탕한 젤라틴을 첨가하여 다시 혼합한다.
	④ 생크림을 80% 정도로 기포하여 ③과 혼합한다.
3) 충전용 가나슈 만들기	① 생크림에 트리몰린을 넣고 끓인다.
	② 잘게 다진 초콜릿에 ①을 넣으면서 페이스트 상태를 만든다.
	③ 부드럽게 한 버터를 넣고 균일하게 혼합한다.
4) 시럽 만들기	① 설탕시럽에 물을 섞는다.
	② ①에 쿠앵트로 술을 넣어 섞는다.
5) 전체 공정	① 반구형 틀에 비스퀴 조콩드를 이등변삼각형으로 재단하여 한쪽에 고정시킨다. 꼭짓점이 틀 아래로 향하게 한다.
	② 피스타치오 무스를 틀의 1/2 정도가 되게 짜 넣는다.
	③ 팬의 중앙에 맞도록 조콩드 시트를 재단하여 시럽을 바르고 ②의 무스 위에 얹는다.
	④ 그 위에 버터크림 정도의 되기로 맞춘 충전용 가나슈를 틀 높이의 2/3 정도로 짜 놓는다.
	⑤ 빈 곳에 피스타치오 무스를 채운다.
	⑥ 맨 위에 시럽을 바른 조콩드 시트를 재단하여 덮은 후 충분히 냉각한다.
	⑦ 완전히 냉각되면 틀에서 꺼내고 녹색으로 착색한 투명한 광택제로 코팅하고 필요한 장식을 한다.

설탕꽃
Pulled Sugar-Rose

설탕반죽 늘려 떼기

꽃심 만들기

꽃잎 녹여 붙이기

꽃잎 붙이기

잎사귀 만들기

(1) 배합표

용도별	재료	비율(%)	무게(g)
기본반죽	설탕	100	500
	물	30	150
	물엿	20	100
	주석산 크림	0.06	0.3

(2)제조공정

공정	내용
1) 설탕시럽 끓이기	① 스테인리스 스틸 또는 구리 용기에 계량한 물을 넣는다.
	② 설탕을 넣고 저어주면서 소량의 주석산크림을 넣는다.
	③ 중불로 끓인다. 끓는 동안에 떠오르는 불순물이 있으면 국자로 걷어내어 결정이 생기는 것을 예방한다.
	④ 150℃가 되면 물엿을 넣고 계속 끓인다. 냄비 옆면에 튀는 설탕시럽은 물을 묻힌 붓을 사용하여 수시로 닦아주어야 시럽의 결정화를 막을 수 있다.
	⑤ 시럽의 온도가 165℃로 될 때까지 계속 끓인다.
2) 설탕반죽 만들기	① 설탕시럽은 끓이자마자 실팻이나 대리석에 부어 식힌다.
	② 대리석 위의 설탕시럽을 가장자리로부터 안으로 밀어 넣으면서 전체 온도를 균일하게 한다.
	③ 설탕반죽을 안으로 모아주는 작업을 반복하면서 손으로 느끼는 촉감이 다소 탄탄해지는 상태까지 식힌다.
	④ 설탕반죽이 뭉쳐지면 바닥이 위로 오도록 뒤집어주면서 접는과정을 반복하여 전체 온도를 균일하게 한다.
	⑤ 적정한 온도의 반죽이 되면 희망하는 모양을 만든다.
3) 꽃 만들기	① 설탕반죽을 옆으로 펼쳐서 필요한 양을 손으로 얇게 당겨서 떼어내어 담배종이 말듯이 살짝 말아 꽃심을 만든다.
	② 설탕반죽 적당량을 꽃잎 모양으로 얇게 편 다음 손으로 떼어낸다. 얇게 떼어 낼수록 광택이 좋다.
	③ 손으로 꽃잎 모양을 다듬어 그 위에 꽃심을 올리고 감싼다.
4) 잎사귀 만들기	① 설탕반죽 적당량을 잡아당겨서 얇게 편 다음 잎사귀 몰드에 맞도록 가위로 자른다.
	② 실리콘 잎사귀 몰드에 올려놓고 눌러 모양을 낸다. ＊ 몰드가 너무 차가우면 누를 때 설탕반죽이 깨질 수 있다.
	③ 몰드로 찍어낸 잎사귀는 식혀서 사용한다.
5) 마무리	① 디자인 한 설탕공예 골격에 꽃과 잎사귀를 붙인다.
	② 꽃과 잎사귀의 크기와 모양에 균형을 맞춘다.

설탕 리본
Pulled Sugar-Ribbon

설탕반죽 겹쳐놓기

설탕반죽 합쳐 늘이기

설탕반죽 자르기

리본모양 말기

리본모양 완성하기

(1) 배합표

용도별	재료	비율(%)	무게(g)
A 반죽	설탕	100	500
	물	20	100
	물엿	30	150
	주석산 크림	0.1	0.5
	보라색 색소	–	적당량
B 반죽	설탕	100	500
	물	20	100
	물엿	30	150
	주석산 크림	0.1	0.5
	흰색 색소	–	적당량

(2)제조공정

공정	내용
1) 설탕시럽 끓이기	**A와 B 공통**
	① 스테인리스 또는 구리냄비에 계량한 물을 넣는다.
	② 설탕을 넣고 저어주면서 소량의 주석산크림을 넣는다.
	③ 중불로 끓인다. 끓기 시작하여 불순물이 떠오르면 국자로 걷어내어 결정(結晶)이 생기는 것을 예방한다.
	④ 130℃가 되면 물엿을 넣고 계속 끓인다.
	* 냄비 옆면에 튀는 설탕시럽은 물을 묻힌 붓을 사용하여 수시로 닦아주어야 시럽의 결정화를 막을 수 있다.
	⑤ A 시럽의 온도가 160℃가 되면 자색색소(8방울)를 넣은 다음 168℃가 될 때까지 끓인다.→실팻 위에 붓는다.
	⑥ B 시럽의 온도가 160℃가 되면 녹색색소(2방울)를 넣은 다음 168℃가 될 때까지 끓인다.→실팻 위에 붓는다.
2) 설탕반죽 만들기	① 설탕시럽은 끓이자마자 실팻이나 대리석 위에 부어 식힌다.
	② 실팻 위의 설탕시럽을 가장자리로부터 안으로 밀어 넣으면서 전체 온도를 균일하게 한다.
	③ 설탕반죽을 안으로 모아주는 작업을 반복하면서 손으로 느끼는 촉감이 다소 탄탄해지는 상태까지 식힌다.
	④ 설탕반죽이 뭉쳐지면 바닥이 위로 오도록 뒤집어주면서 접는 과정을 반복하여 전체 온도를 균일하게 한다.
	⑤ 적정한 온도의 반죽이 되면 희망하는 모양을 만든다.
3) 리본 만들기	① 광택이 날 때까지 초록색 설탕반죽을 충분히 잡아당겨서 꽈배기 모양을 만든다.
	② 광택이 날 때까지 노랑색 설탕반죽도 충분히 잡아당겨서 꽈배기 모양을 만든다.
	③ 설탕공예 램프를 사용하여 초록색 설탕반죽과 노랑색 설탕반죽을 둥글게 말아준다. 두께가 균일하게 되도록 당기는 것이 중요하다.
	④ 두 번 접어 4줄로 만든 초록색 설탕반죽 끝에 노랑색 설탕반죽을 붙인다.
	⑤ 초록색과 노랑색이 섞이도록 노랑색 반죽이 안으로 가도록 절반으로 접어서 가운데를 자른다.
	⑥ 노랑색이 가운데에 ⑤의 끝부분이 두껍게 되어 있으므로 균일하게 편 다음 절반으로 접어서 가운데를 자른다.
	⑦ 양끝을 잡고 두께가 균일해지도록 편 다음 잡아당겨서 길게 늘인다. 너무 딱딱하면 끊어지기 쉽다.
	⑧ 토치램프로 가열한 칼로 리본을 적당한 길이로 자른다.
	⑨ 자른 리본을 안쪽으로 살며시 구부려 모양을 잡는다.

※ 참고 문헌

제과실기(1998년), 홍행홍, 한국산업인력공단
제과실기 CD (1999년), 홍행홍, 한국산업인력공단
빵과자 백과사전 (2000년), 파티시에, 비앤씨월드
제과실기 (2001년), 한국제과학교, 제일문화사
양과자의 세계(1998년), 과기회, 비앤씨월드
초콜릿의 세계(2002년), 과기회, 비앤씨월드
제과일반 CD(2008년), 홍행홍 외, 한국산업인력공단
양과자 대사전(일본), 편집부편, 성미당출판
양과자 기본대도감(일본), 편집부편, 강담사

표준 제과실기

집필위원	이광석, 이준열, 김영일, 윤성모, 이관복
감수위원 (ㄱ, ㄴ 순)	고원방, 김창남, 신숭녕, 염동민, 윤성준, 이명호 이웅규, 이재진, 정순경, 조남지, 홍행홍, 황윤경
제품실연	오세욱, 이규현
발행인	장상원
수정판 4쇄	2023년 3월 10일
발행처	(주)비앤씨월드 출판등록 1994. 1. 21. 제16-818호 주소 서울특별시 강남구 선릉로 132길 3-6 서원빌딩 3층 전화 (02)547-5233 팩스 (02)549-5235

http://www.bncworld.co.kr